Alexander Verweyen
Mut zahlt sich aus

ALEXANDER VERWEYEN

MUT zahlt sich aus

12 Mutproben fürs Business

Bibliografische Information der Deutschen Nationalbibliothek

Die Deutsche Nationalbibliothek verzeichnet diese Publikation in
der Deutschen Nationalbibliografie; detaillierte bibliografische Daten
sind im Internet über http://dnb.d-nb.de abrufbar.

ISBN 978-3-86936-472-8

Lektorat: Susanne von Ahn, Hasloh
Umschlaggestaltung: Martin Zech Design, Bremen | www.martinzech.de
Umschlagfoto: Photo and Co / The Image Bank / getty images
Satz und Layout: Das Herstellungsbüro, Hamburg | www.buch-herstellungsbuero.de
Druck und Bindung: Salzland Druck, Staßfurt

www.gabal-verlag.de
www.facebook.com/Gabalbuecher
www.twitter.com/gabalbuecher

Geleitwort
von Jochen Schweizer

Ein Junge balanciert auf dem Geländer einer Autobahnbrücke. Er scheint den Verkehr auf der Straße unter ihm nicht zu bemerken. Er ist ganz darauf konzentriert, nicht das Gleichgewicht zu verlieren. Als die Polizei ihn später vom Geländer holt, sagt er: »Ich dachte, dass meine Höhenangst verschwindet, wenn ich nur lange genug oben stehe.« Es hat funktioniert.

Das war eine meiner ersten Mutproben. Sie hat mir gezeigt, dass es sich lohnt, seine Ängste zu überwinden. Seitdem habe ich viele solcher Situationen bei anderen erlebt. Ich habe Tausende von Menschen bei ihrem ersten Bungee-Sprung begleitet. Wenn ein Mensch oben auf dem Turm steht und in die Tiefe blickt, dann sehe ich, dass er Angst hat. Und dennoch springt er. Die Belohnung ist nicht nur der Adrenalinstoß beim Sprung, sondern auch die Gewissheit, seine eigene Angst bezwungen zu haben. Angst zu kontrollieren, sie zu überwinden, bedeutet, sich zu befreien.

> Wer etwas riskiert, der kann verlieren. Wer aber nichts riskiert, verliert garantiert.

Angst zu haben, aber die Kraft aufzubringen, sich dagegen aufzulehnen – das ist Mut. Denn Mut ist das wagende Vertrauen in die eigenen Fähigkeiten. Und davor habe ich großen Respekt. Wer etwas riskiert, der kann verlieren, wer aber nichts riskiert, verliert garantiert. Das gilt nicht nur im Sport, sondern genauso in allen anderen Lebensbereichen, vor allem auch im Business.

Getreu diesem Leitgedanken führt dieses Buch den Leser dahin, mutige Entscheidungen in seinen Arbeitsalltag zu integrieren. Alexander

Verweyen teilt seine Erfahrungen mit uns und erklärt anschaulich, welche Situationen im Geschäftsleben Mut erfordern – und wie man trainieren kann, ihn aufzubringen.

Viel Spaß beim Lesen und viel Erfolg beim Bestehen der Herausforderungen, die auf Sie warten!

Jochen Schweizer
Gründer und Geschäftsführer Jochen Schweizer Erlebnis GmbH

Inhalt

Mutproben – die Grenze überschreiten

Kindertage, Mutprobenzeit. Erinnern Sie sich noch? Wie Sie zum ersten Mal auf einen Baum geklettert sind. Ganz alleine im Supermarkt einkaufen waren. Im Freibad vom Sprungbrett gesprungen sind, obwohl Ihnen beim Blick nach unten die Knie zitterten. Wie Sie vielleicht auch einmal einem Nachbarn einen Streich gespielt haben. Einen harmlosen oder einen bösen. Nach jeder Mutprobe sind Sie ein kleines Stück gewachsen. Nicht in Zentimetern, das geschah von selbst. Sondern innerlich. Wer sich dem Unangenehmen stellt und bewusst Angst überwindet, der verschiebt die Grenzen dessen, was ihm selbstverständlich möglich ist. Er wird stärker und auch gelassener.

Heute arbeiten die Kinder von damals in Unternehmen, in denen – glaubt man Psychologen – die Angst grassiert. Alltägliche Angst hat enorm zugenommen und hemmt Menschen im Business auf allen Ebenen. Da werden nur noch Neukunden akquiriert, wenn es unbedingt sein muss – mit feuchten Fingern auf der Telefontastatur. Aus Angst vor Fremden. Da wird nicht mehr intelligent und offensiv verkauft. Aus Angst vor Zurückweisung. Und da werden Teams nicht mehr richtig geführt und motiviert. Aus Angst, etwas falsch zu machen. Das sind nur drei Beispiele von vielen.

Schluss mit der Angst in den Unternehmen!

Diese Ängstlichkeit verhindert positive Entwicklung und ist auf Dauer unerträglich. Das Buch, das Sie gerade aufgeschlagen haben, lädt Sie und Ihre Mitarbeiter ein, mehr Mut zu beweisen. Diese Einladung kommt nicht abstrakt und theoretisch daher, sondern ganz konkret und praxisbezogen auf zwölf wichtigen Handlungsfeldern im Business: Akquisition, Kundenpflege, Führung, Teams, Motivation, Sales, Verhandlung, Kommunikation, Präsentation, Wachstum, Krisenmanagement und Change. Lesen Sie über Begebenheiten, in denen Mut gefragt war und sich ausgezahlt hat. Lernen Sie bewährte und originelle Tools kennen, die helfen, Grenzen des Möglichen zu verschieben und auf Dauer bessere Ergebnisse zu erzielen.

Bestehen Sie zwölf Mal selbst eine Mutprobe!

Am Ende jedes der thematischen Kapitel lade ich Sie ein, selbst eine Mutprobe zu bestehen. Es ist jeweils eine kleine Herausforderung, abseits Ihres Büroalltags, aber da und dort auch mit Bezug zum Business. Ich würde mich freuen, wenn Sie sich auf dieses kleine Spiel einlassen. Sie werden merken, dass manche der Mutproben mit einem Augenzwinkern formuliert sind. Wenn Sie sich mit demselben Augenzwinkern daranmachen, sie zu bestehen, dann liegen Sie genau richtig.

Am Schluss des Buchs finden Sie eine Checkliste für Ihre Erfolgskontrolle bei den Mutproben. Außerdem eine Webadresse, unter der Sie ein Zertifikat und eine kleine Überraschung erhalten, wenn Sie mir bestätigen, dass Sie alle Mutproben bestanden haben.

Nur Mut wünscht Ihnen dazu
Alexander Verweyen

Eine kleine Bitte

In diesem Buch lade ich Sie zwölf Mal zu einer persönlichen Mutprobe ein. Ich möchte Sie anregen, die Grenzen Ihrer Gewohnheit zu testen und auch einmal etwas Verrücktes zu machen. Eine kleine Bitte habe ich: Begeben Sie sich nicht in Gefahr. Behandeln Sie Ihre Mitmenschen mit Respekt, halten Sie sich an die Gesetze und bitten Sie um Entschuldigung, wenn sich jemand über Ihre Mutprobe ärgert. Jeder bleibt für sich selbst verantwortlich. Da verstehen wir uns, oder?

ERSTE MUTPROBE

Kunden smarter gewinnen

Warum zerschneidet eine Schweizer Bank ihre Geldscheine?
Wann rufen potenzielle Kunden ganz von alleine an? Woher
kommt die Angst vor dem Erstkontakt? Weshalb ist es wichtiger,
Kunden zuzuhören, als über Produktmerkmale zu reden?
Wann ist es Zeit, einen potenziellen Kunden in Ruhe zu lassen?
Erwarten Sie Antworten. Und machen Sie sich bereit für die
erste Mutprobe.

Der Vorsitzende des Verwaltungsbeirats war empört. Wenn
hier, bei einer der traditionsreichen Banken in der Zür-
cher Bahnhofstraße, jemand im Gesicht rot anlief und die
Stimme hob, musste es schlimm sein. Für den Chefaufseher war gerade eine Welt zusammengebrochen. In der
rechten Hand hielt er das Beweisstück und präsentierte es
einem Mitarbeiter. Es war die abgeschnittene Hälfte eines
10-Franken-Scheins. Unglaublich: Angestellte seiner eigenen
Bank hatten den Geldschein durchtrennt und zur Hälfte an einen potenziellen Kunden geschickt. Dem Anspruch des Hauses gemäß
wurde zentriert und fein säuberlich mit der Maschine geschnitten. Ein
Skandal war es trotzdem. »Stellen Sie diese Aktion umgehend ein«,
forderte der Verwaltungsbeirat. »Wir als Bank können doch kein Geld
zerschneiden!«

Skandal in der Bahnhofstraße

Noch beeindruckt von den deutlichen Worten seines Oberaufsehers meldete sich der Bankmitarbeiter bei mir. Er war Berater im gehobenen Privatkundengeschäft und sollte neue Kunden akquirieren. Ich war sein Trainer und wollte ihm dabei helfen. Und ich gebe zu: Von der Aktion mit den zerschnittenen Geldscheinen hatte ich ihm abgeraten. »Das gibt Ärger«, lautete meine Prophezeiung. Aber der Banker hatte es trotzdem gemacht. Jetzt, wo die Bombe geplatzt war, konnte ich mir ein Grinsen kaum verkneifen. »Verdammt, der Mann hat Mut bewiesen«, dachte ich. Er würde jetzt entweder seinen Job verlieren – oder man würde in dieser konservativen Bank noch nach Jahren von ihm sprechen. Oder beides.

Ich blätterte in meinen Unterlagen, bis ich die Dokumentation seiner Aktion fand. Zehn vermögenden Schweizer Privatleuten hatte er jeweils einen Brief geschickt. Im Kuvert befand sich jedes Mal ein halber 10-Franken-Schein. Und auf dem schweren Briefpapier der Bank hatte er handschriftlich mit Tinte geschrieben:

»*Geld halbiert man nicht. Geld vermehrt man.*
Wenn Sie die zweite Hälfte des Geldscheins haben möchten,
rufen Sie mich an.«

100 Prozent Response-Quote mit einem Mailing

Von den zehn vermögenden Privatleuten riefen daraufhin zehn bei ihm an. Eine Response-Quote von 100 Prozent. Allerdings riefen sie nur an, um sich zu beschweren und über diese Aktion aufzuregen. Aber das war dem Bankberater egal. Sein Ziel war es gewesen, mit potenziellen Privatkunden ins Gespräch zu kommen. Und das, ohne diese selbst anrufen zu müssen, was bekanntermaßen verboten ist. Dieses Ziel hatte der Banker beim ersten Versuch zu 100 Prozent erreicht. Leider war im weiteren Verlauf der Aktion einer der Briefe an einen guten Bekannten des Verwaltungsratsvorsitzenden gegangen. Und dieser potenzielle Kunde hatte sich dann nicht bei dem Bankberater, sondern direkt bei dessen Chefaufseher beschwert.

Ich überlegte kurz, was ich dem verunsicherten Banker jetzt raten sollte. »Wie erfolgreich sind Sie mit der Aktion?«, fragte ich ihn. In-

Das Beweisstück: ein halber 10-Schweizer-Franken-Schein

zwischen hatte der Mann an hundert weitere Adressen jeweils einen halben Geldschein geschickt. Auch von so vielen Adressen innerhalb kurzer Zeit hatte ich ihm abgeraten. Und auch hier hatte der Berater nicht auf seinen Trainer gehört. Jetzt berichtete er von 30 bis 40 Prozent Erfolgsquote. Er kam mit potenziellen Kunden ins Gespräch. Und die ersten darunter waren auf dem besten Weg, ihm ihr Geld anzuvertrauen.

»Machen Sie weiter«, riet ich ihm schließlich aus voller Überzeugung. »Vergessen Sie den Verwaltungsbeirat und dessen Bedenken. Sie haben Mut bewiesen. Und dieser Mut wird sich auszahlen.«

Die Angststarre in unseren Büros

Psychologen beobachten immer mehr Angst

Die Angst geht um. In unseren Familien, auf unseren Straßen und in unseren Büros. Angststörungen haben in den vergangenen Jahren so stark zugenommen, dass Psychologen von einem »Zeitalter der Angst« sprechen. »Immer mehr Menschen haben Schwierigkeiten, soziale Situationen im Alltag selbstsicher zu meistern«, schreibt Ursula Nuber in der Zeitschrift *Psychologie heute*. Die zweithäufigste Angst – nach der Angst vor weiten Plätzen und negativ besetzten Orten – ist dabei mittlerweile die »Angst vor den anderen«. Immer mehr Menschen leiden, wenn sie fremde Menschen treffen oder sich vor den Augen anderer präsentieren sollen.

Kein Wunder, dass die Akquisition von Neukunden in unseren Unternehmen zu einem Angstthema geworden ist. Neue Kunden gewinnt nun einmal, wer auf fremde Menschen zugeht. Oder wer sich der Welt so auffällig präsentiert, dass andere Leute von allein Interesse zeigen. Beides scheint bei immer mehr Mitarbeitern in Unternehmen zumindest teilweise blockiert zu sein. Das Spektrum reicht von feuchten Händen und leichtem Erröten beim Erstkontakt bis hin zur völligen Unfähigkeit, aktiv auf potenzielle Kunden zuzugehen.

Menschen »haben Angst, von anderen wahrgenommen und beachtet zu werden. Sie fürchten, Fehler zu machen und sich zu blamieren, sie erwarten Ablehnung und Misserfolg«, fasst es die Autorin Ursula Nuber zusammen. Damit wir uns an dieser Stelle nicht missverstehen: Ein gewisses Kribbeln vor einem wichtigen Termin oder ein wenig Lampenfieber zu Beginn der Präsentation bei einem potenziellen Topkunden sind ganz normal. Kein Psychologe dieser Welt würde da schon von einer Beeinträchtigung sprechen.

Wer ist denn als Kind beim ersten Sprung vom 3-Meter-Brett diese nasse und scharfkantige Leiter aus Metall schon so lässig hochgestiegen wie die drei Stufen vor dem Elternhaus? Wahrscheinlich niemand. Wir hatten einen Mordsrespekt vor drei gewaltigen Metern, und mit jeder Stufe, die wir nahmen, wurde uns mulmiger. Aber dann sind wir eben doch gesprungen! Lachend und voller Adrenalin kamen wir anschließend aus dem Becken. Und von dem Moment an wollten wir gar nicht mehr aufhören, vom 3-Meter-Brett zu springen.

Ich kann mich lebhaft an eine Situation erinnern, in der ich als junger Berufseinsteiger beim Thema »Kaltakquise« ganz schönes Muffensausen hatte. Damals war ich bei der Niederlassung eines Autoherstellers beschäftigt und bekam gemeinsam mit meinen Kollegen den Auftrag, unangemeldet bei Unternehmen hereinzuspazieren und ihnen ein Angebot zu machen. Wir standen vollkommen unter Stress. Einige Kollegen sagten offen: »Das will ich nicht.« Aber wir taten es. Stellen Sie sich also vor, wie wir uns bei irgendeinem Mittelständler am Empfang meldeten, sagten, von welchem Hersteller wir waren, und darum baten, den Verantwortlichen für die Fahrzeugflotte sprechen zu dürfen.

> Horrortrip Kaltakquise – am Ende halb so schlimm

Kein einziges Mal wurden wir am Empfang unfreundlich behandelt. Oft war es dann der Chef selbst, der über die Autos entschied. Und in der Regel nahm er sich Zeit, mit uns zu sprechen. So saßen wir dann bei Kaffee und Keksen in seinem Büro und fachsimpelten über Hubräume und Beschleunigungswerte. Nachdem wir zehn Mal diese ähnliche Situation erlebt hatten, fragten wir uns, wovor wir beim ersten Mal überhaupt Angst gehabt hatten. Mutprobe bestanden! Egal, ob jemand zum ersten Mal vom 3-Meter-Brett springen oder bei einer fremden Firma klingeln und den Chef sprechen will – es sind Mutproben. Erst haben wir Angst. Dann machen wir es trotzdem. Und schließlich denken wir: War doch gar nicht so schlimm. Am liebsten möchte man es jetzt noch einmal machen.

> »Was wäre das Leben, hätten wir nicht den Mut,
> etwas zu riskieren.« VINCENT VAN GOGH

Nicht Angst ist das Problem. Sondern lähmende Angst. Jedes Unternehmen braucht neue Kontakte und neue Kunden, um seinen Erfolg zu sichern und auszubauen. Wenn eine regelrechte Angststarre in den Büros herrscht und sich keiner mehr traut, auf andere Menschen zuzugehen oder auf sich aufmerksam zu machen, wird das Unternehmen über kurz oder lang in Schwierigkeiten geraten. In einer Zeit, in der Produkte und Dienstleistungen immer vergleichbarer und austauschbarer werden, zählt »Abwarten und Tee trinken« nicht zu den geeigneten Überlebenstaktiken.

Glücklicherweise ist Sozialangst kein unveränderliches Schicksal. Wir können uns mehr und mehr in sie hineinsteigern, bis wir fremde Menschen und heikle Situationen weitgehend meiden. Oder wir können sie schrittweise überwinden, indem wir die angstbesetzten Situationen gezielt durchleben und unsere Mutproben bestehen. Als Führungskraft haben Sie es in der Hand, unbekannte Menschen und unangenehme Situationen selbst aktiv aufzusuchen und ihre Mitarbeiter zu ermutigen, es Ihnen gleichzutun.

Bankberater und ihre »persönlichen Beipack-Ideen«

Wo Angebote austauschbar sind, entscheidet die Kundenbeziehung

Eine Führungskraft, die solchen Mut bewiesen hat, war der Vorgesetzte des Bankberaters mit den zerschnittenen Geldscheinen. Der wortkarge, untersetzte Schnauzbartträger gab mir den Auftrag, seine Leute zu trainieren. Obwohl ich bei unserem ersten Treffen in der Eile »Private Banking« falsch geschrieben hatte. »Machen Sie einfach noch ein *E* hinter *privat*«, flüsterte er mir schweizerisch diskret zu, bevor wir den Konferenzraum betraten, in dem seine Kollegen warteten. Auch in der Folgezeit drückte er öfter ein Auge zu, als seine Bankberater auf die verrücktesten Ideen kamen, wie sie neue Kunden akquirieren wollten.

Dieses Team von Bankberatern stand vor einer heute für zahllose Unternehmen typischen Herausforderung. Sie wollen neue Kunden gewinnen, aber ihr Angebot ist letztlich nichts Besonderes. Sie sind nicht Apple, sie sind nicht Porsche, sie sind nicht Rolex, sondern sie sind eine Bank oder eine Versicherung wie viele andere. Damit geht es ihnen genauso wie all den Energieversorgern, Autovermietungen, Telekommunikationsanbietern, Medizintechnikunternehmen, Hotels, Handwerkern, Fluggesellschaften, Immobilienmaklern, Lebensmittelhändlern, Zeitarbeitsfirmen, Steuerberatern und, und, und – ihre Angebote unterscheiden sich so wenig vom Wettbewerb, dass es illusorisch ist, über die Kommunikation von Alleinstellungsmerkmalen neue Kunden gewinnen zu wollen.

Erschwerend kommt hinzu, dass es mittlerweile überall verboten ist, potenzielle Privatkunden einfach anzurufen oder ihnen eine E-Mail oder ein Fax zu schicken. Das deutsche Telekommunikationsgesetz und andere, europaweit ähnliche Rechtsvorschriften haben dem einen Riegel vorgeschoben. Einzig das Briefschreiben ist noch erlaubt. Doch was mit so einem typischen Mailing gerne passiert, kennen Sie bestimmt aus eigener Erfahrung: Sie sehen ein Firmenlogo, lesen das Wort »Infopost« – und schon liegt der Umschlag ungeöffnet im Papierkorb. Bei der Schweizer Bank kam noch hinzu, dass man zwar neue Kunden gewinnen wollte, jedoch keine Kriminellen und keine Anleger von Schwarzgeld. Da würde sich nur im persönlichen Gespräch die Spreu vom Weizen trennen lassen.

Wen hätten Sie gerne als Kunden?

Im Internet werden Ihnen Millionen von Adressen zum Kauf angeboten. Wenn Sie Massenmailings mit einer Rücklaufquote von 6 Promille versenden wollen – und dazu das Budget haben –, dann greifen Sie zu. Wenn Sie jedoch Ihre Wunschkunden persönlich kennenlernen wollen, dann gehen Sie anders vor:

■ Pflegen Sie zunächst Ihr eigenes Netzwerk. Archivieren Sie Visitenkarten, halten Sie Ihre Outlook-Adressen aktuell und fügen Sie Personen, denen Sie begegnet sind, als Kontakte bei Xing oder Linkedin hinzu. Spezielle Apps für Smartphones fotografieren Visitenkarten und machen daraus elektronische V-Cards. ▶

- Fragen Sie sich: Wen haben Sie in der letzten Zeit getroffen? Wen davon hätten Sie gerne als Kunden? Bitten Sie eventuell Personen, die Sie gut kennen, oder gute Kunden um Empfehlungen. Wer würde noch zu Ihrem Angebot passen?

- Recherchieren Sie im Internet. Wer ist Ihre Zielgruppe? Gehen Sie auf die Websites von Berufsverbänden, Golf- oder Oldtimerclubs. Dort stehen die Vorstandsmitglieder oft mit voller Adresse. Schauen Sie sich die Anschrift mit Google Earth bzw. Street View an. Großes Haus mit Alarmanlage und Pool heißt: Millionär drin.

- Gehen Sie zu Events und Kongressen. Wo hält sich Ihre Zielgruppe gerne auf? Wo trifft man sich? Sprechen Sie im Anschluss an Keynotes und Workshops Leute an. Studieren Sie die Teilnehmerlisten.

- Stellen Sie sich bei jeder Adresse auch die »Wohlfühlfrage«: Hätte ich diese Person gerne als Kunden? Kann ich mir vorstellen, mit ihr eine positive Beziehung aufzubauen? Wenn Ihnen ein Mensch absolut unsympathisch ist, schreiben Sie lieber jemand anderen an.

Provozieren und irritieren – dann melden sich Kunden von allein

Die einzige Chance der Banker bei der Akquisition bestand darin, eine Art »Bypass« in den Briefkasten des potenziellen Kunden zu legen – also in der Flut der übrigen Mailings so sehr aufzufallen, dass es die Person provoziert, sich zu melden. Deshalb entschied sich das Team für eine Herangehensweise, die wir »PBI-Strategie« nannten. »PBI« steht für »Persönliche Beipack-Idee«. Die Briefe sollten erstens persönlich sein, das heißt von einem individuellen Ansprechpartner stammen und möglichst von Hand geschrieben werden. Zweitens sollte ein Geschenk oder Gimmick beigefügt sein, das provoziert und Aufmerksamkeit erregt. Schließlich sollte jeder im Team seine eigene Idee entwickeln und umsetzen. Dieser letzte Punkt war mir besonders wichtig. Wir brennen für nichts mehr als unsere eigenen Ideen, weil sie authentisch zu uns passen und wir uns mit ihnen identifizieren.

Die Idee mit dem durchtrennten 10-Franken-Schein kennen Sie schon. Ein anderer Bankberater kaufte Lottoscheine, füllte sie aus, legte jeweils einen davon in einen Briefumschlag und schrieb dem potenziellen Kunden handschriftlich dazu:

>*Vielleicht hat es mit der ersten Million ja noch nicht geklappt. Lassen Sie uns an der zweiten arbeiten. Rufen Sie mich an.*«

Auch das war mutig. Ebenso wie folgende Idee: In der Bank wurden gerade die Safeschränke erneuert. Ein Berater sicherte sich die alten Safeschlüssel. Vielleicht kennen Sie solche Schlüssel? Sie sehen nett aus, weil sie klein sind und einen Doppelbart haben. Der Berater verschickte nun diese Schlüssel als Beipack und schrieb dazu:

>*Ich habe schon einmal einen Safe für Sie eröffnet. Darin liegt eine kleine Überraschung. Rufen Sie mich an und vereinbaren Sie einen Termin, um Ihre Überraschung abzuholen.*«

Der Bankberater hatte Mini-Silberbarren in jeden Safe gelegt. Und tatsächlich kamen viele potenzielle Kunden vorbei, um sich ihr Geschenk abzuholen. Wie ein Zauberkünstler tauschte der Banker auf dem Weg zum Tresorraum den alten Safeschlüssel gegen den neuen aus. Dabei war er mit dem Interessenten schon mitten im Gespräch. Und genau dieses persönliche Gespräch war sein einziges Ziel gewesen.

Wer seinem Mut etwas auf die Sprünge helfen will, dem kann ich raten, seinem potenziellen Kunden erst einmal ein kleines Geschenk zu machen. Mit einem Geschenk in der Hand vermeiden Sie das unangenehme Gefühl, als Bittsteller an einen fremden Menschen heranzutreten. Sie konzentrieren sich zunächst ganz darauf, etwas zu geben. Doch Vorsicht: Fantasielose und banale Geschenke, wie beispielsweise Gutscheine, bringen Sie nicht weiter. Im ersten Schritt der Akquisition brauchen Sie die Aufmerksamkeit des potenziellen Kunden. Aufmerksamkeit ist zunächst alles.

> **Den Kampf um Aufmerksamkeit muss jeder erst gewinnen**

Die amerikanischen Managementautoren Thomas Davenport und John Beck prophezeiten schon vor über zehn Jahren eine »Attention

Economy«. In ihrem gleichnamigen Buch beschreiben sie diese »Aufmerksamkeitsökonomie« als einen Kampf um die knappe Ressource Aufmerksamkeit des Kunden. Nur wer diesen Kampf gewonnen hat, hat danach überhaupt die Chance, eine Kundenbeziehung aufzubauen, Produktmerkmale zu kommunizieren und Geschäfte zu machen. Digitale Medien setzen viele Menschen heute einer Reizüberflutung aus, die selbst Davenport und Beck noch nicht voraussehen konnten. Doch wer Mut beweist, bekommt auch heute noch Aufmerksamkeit.

Provozieren und irritieren war das erklärte Ziel der »PBI-Strategie«. Anders als zum Beispiel bei einer provokativen Werbekampagne von Benetton ist hier der »Provokateur« für den Kunden identifizierbar und sofort persönlich ansprechbar. Dieser Punkt ist wichtig. Eine Werbeagentur mit einer provokativen Kampagne zu beauftragen und bei Beschwerden den Pressesprecher vorzuschicken, hat wenig mit Mut zu tun. Smart akquirieren bedeutet, mutig auf Menschen zuzugehen, durch Irritation ihre Aufmerksamkeit zu gewinnen und sie in eine proaktive Haltung zu bringen. Ihr potenzieller Kunde ist zunächst irritiert, aber zumindest unterschwellig auch ein wenig beeindruckt von Ihnen. Und er meldet sich von selbst. Was tun Sie jetzt?

Das Sieben-Kontakte-Prinzip der Akquisition

Dem Kunden zuhören statt über Produkte reden

Akquisition hat zum Ziel, eine Beziehung zu einem zukünftigen Kunden aufzubauen. Nicht mehr, aber auch nicht weniger. Worüber, glauben Sie, hat der Bankberater mit den zerschnittenen Geldscheinen gesprochen, als die empörten Anrufer am Telefon sich wieder beruhigt hatten? Über Festgeld, Schiffsbeteiligungen, Immobilienfonds oder Rohstoffzertifikate? Weit gefehlt. Beim Thema Akquisition gibt es ein großes Missverständnis. Es geht im ersten Gespräch mit einem potenziellen Kunden nicht darum, über die eigenen Produkte, Services oder Konditionen zu sprechen. Sondern es geht darum, den anderen Menschen kennenzulernen.

Nach wie vor gibt es Leute, die beim Erstkontakt alles in den Ring werfen, was sie zu bieten haben. Sie wollen den anderen unbedingt als Kunden gewinnen und überschütten ihn mit Informationen. Der potenzielle Kunde ist davon überfordert. Schlimmer noch, es kann kein Vertrauen entstehen, denn Vertrauen braucht Zeit und muss wachsen. Vertrauen ist jedoch das Lebenselixier jeder Kundenbeziehung. Den potenziellen Kunden zu überrollen ist kein Zeichen von Mut, sondern, im Gegenteil, von Anspannung und Unsicherheit. Hat man es endlich geschafft, mit dem Wunschkunden zu telefonieren, beschleunigt sich der Pulsschlag. Jetzt muss es passieren! Doch der andere wird oft nur ratlos auflegen und sich nie wieder melden.

> *»Ein Augenblick der Geduld kann vor großem Unheil bewahren, ein Augenblick der Ungeduld ein ganzes Leben zerstören.«*
> CHINESISCHE WEISHEIT

Die Mutigen haben Geduld. Sie halten den Gedanken aus, dass sich bei einem ersten Gespräch noch überhaupt nichts entscheidet. Und genau deshalb gehen sie völlig angstbefreit in den Erstkontakt. Wenn Sie sich innerlich darauf programmieren, einen anderen Menschen kennenzulernen, dann gibt es am Ende des Gesprächs weder Erfolg noch Misserfolg. Sie können nur gewinnen, denn Sie werden am Ende eines persönlichen Gesprächs den anderen auf jeden Fall besser kennen als vorher. Alles, was Sie dazu brauchen, ist der Mut, Ihre längerfristigen Ziele erst einmal zurückzustellen.

Bewährt hat sich hier das Sieben-Kontakte-Prinzip der Akquisition. Bei dieser Methode planen Sie von vornherein sieben Kontakte mit Ihrem potenziellen Kunden, bevor Sie erwarten, miteinander ins Geschäft zu kommen. So gewinnen Sie Premiumkunden für eine langfristige und ertragreiche Kundenbeziehung, wenn Sie zum Beispiel Lieferant im B2B-Geschäft, Banker, Steuerberater, Juwelier oder Inhaber einer Werbeagentur sind. Mit anderen Worten: überall dort, wo es nicht um Massengeschäft mit winzigen Margen geht, sondern ein Kunde Ihnen vertrauen und immer wieder mit Ihnen Geschäfte machen soll. Vermeiden Sie hier unbedingt den berühmten »Elevator Pitch«. Verdichtete Werbebotschaften begrün-

Vergessen Sie den »Elevator Pitch«!

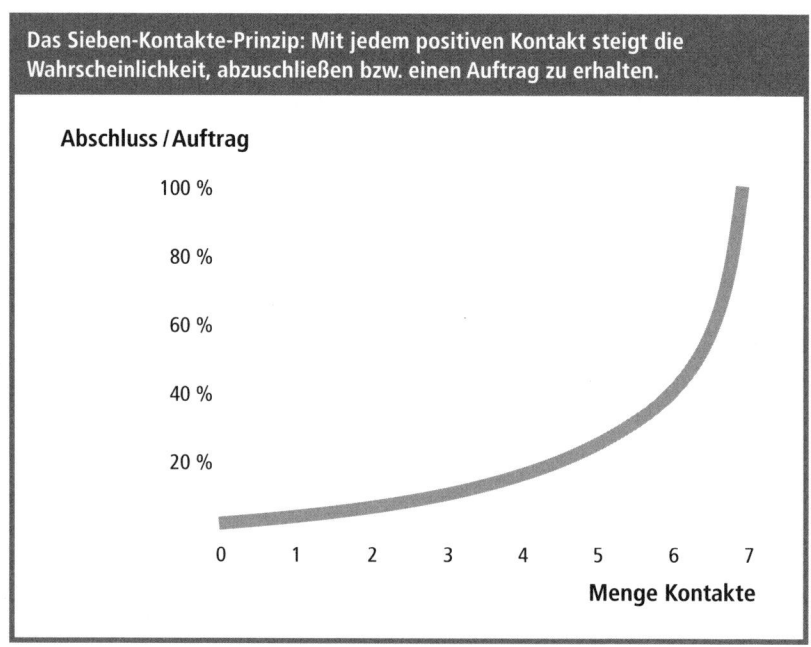

Das Sieben-Kontakte-Prinzip: Mit jedem positiven Kontakt steigt die Wahrscheinlichkeit, abzuschließen bzw. einen Auftrag zu erhalten.

Abschluss / Auftrag

100 %

80 %

60 %

40 %

20 %

0   1   2   3   4   5   6   7

Menge Kontakte

den weder Beziehungen noch schaffen sie Vertrauen. Sie gehören auf Websites oder in Broschüren, aber nicht in Akquisitionsgespräche.

Je anspruchsvoller die Zielgruppe und je höher der potenzielle Kundenwert, desto mehr sollten Sie beim ersten Kontakt versuchen, ein persönliches Treffen zu vereinbaren. Mit ihren mutigen »Beipack-Ideen« hatten die Schweizer Banker dafür den Grundstein gelegt. Zwar regten sich einige Leute zunächst auf. Aber mal ehrlich: Wen möchten Sie lieber kennenlernen? Jemanden, der Mut bewiesen hat, oder jemanden, der sich vor Ihnen versteckt? Viele potenzielle Bankkunden dachten sich: Diesen Mann sollte ich kennenlernen. Der muss sich seiner Sache sehr sicher sein. So etwas traut man sich nicht, wenn man in seinem Job nichts zu bieten hat.

Akquisition ist (auch) Chefsache

»Akquise? Das soll mal der Vertrieb machen«, höre ich immer wieder von Abteilungsleitern, Geschäftsführern und Unternehmern. »Die werden schließlich dafür bezahlt, dass sie die Kontakte aufreißen«, heißt es dann. Ein trauriges Beispiel sowohl für mutlose Führung als auch für veraltetes Hierarchiedenken. Wie sollen Mitarbeiter in der Akquisition potenzieller Kunden Mut beweisen, wenn ihre Chefs nicht ebenso mutig vorangehen? Wer soll motiviert sein, regelmäßig auf Menschen zuzugehen, wenn der Vorgesetzte sich die ganze Zeit in seinem Büro verschanzt und Zahlen studiert? Für mich gilt die Devise: Akquisition ist – zumindest auch – Chefsache. Planen Sie deshalb als Führungskraft jede Woche Zeit ein, um Kontakte zu Personen zu knüpfen, die als Kunden für Ihre Firma interessant sein könnten. Oft werden Sie als Chef Zugang zu Kontakten haben, an die der »einfache Vertriebler« nicht so leicht herankommt. Nutzen Sie diese Chance! Nehmen Sie mit den Toprednern auf Kongressen, den Vorstandsmitgliedern Ihres Berufsverbands oder den Stars Ihres Lieblingssports Kontakt auf. Moderne Vorstände und Geschäftsführer sind immer gleichzeitig die wichtigsten »Markenbotschafter« ihrer jeweiligen Firma.

Der erste Kontakt ist in jedem Fall entscheidend. Hier zeigt sich, ob Sie sich für Ihren potenziellen Kunden wirklich interessieren und ihn verstehen wollen. Sie revanchieren sich für die Aufmerksamkeit, die Ihnen geschenkt wurde, indem Sie jetzt Ihre maximale Aufmerksamkeit auf den Wunschkunden richten. Stellen Sie dazu offene Fragen, zum Beispiel: »Wie hat Ihnen mein Brief gefallen?« Oder: »Welche Erfahrungen haben Sie bisher mit Banken (oder Steuerberatern, Autohändlern und so weiter) gemacht?« Oder: »Was vermissen Sie bei Ihrem gegenwärtigen Anbieter?« Spiegeln Sie im Gespräch die Aussagen Ihres Gesprächspartners: »Sie legen also Wert auf …«

Der erste Kontakt ist stets der wichtigste

Bei den sieben Kontakten sorgen Sie für den richtigen Mix. Auf einen ersten, provokativen Brief folgt zum Beispiel ein Anruf, daraufhin ein

Treffen, dann wieder ein wertschätzender Brief, anschließend ein weiterer Anruf, später eine E-Mail und wiederum ein Anruf. Entwickeln Sie ein Gespür für Timing und die richtigen Zeitabstände, damit Sie auf keinen Fall penetrant wirken. Machen Sie sich Notizen und verwalten Sie Ihr Kundenwissen. So können Sie bei jedem Kontakt demonstrieren, dass Sie Ihrem potenziellen Kunden wirklich zugehört haben. Ganz wichtig sind außerdem Offenheit und Ehrlichkeit, wenn der zukünftige Kunde Ihnen Fragen stellt. Nur so bauen Sie wirklich Vertrauen auf.

Doch was, wenn Ihr potenzieller Kunde auch nach dem siebten Kontakt seine Bankverbindung nicht zu wechseln gedenkt, kein neues Auto leasen möchte oder die Platin-Kreditkarte nicht haben will? Ganz einfach: Sie legen diesen Vorgang vollkommen entspannt zur Seite. Sagen Sie sich: »Es sollte nicht sein.« Und dann wenden Sie sich anderen Kunden zu. Auch Ihrem Ansprechpartner teilen Sie Ihre Entscheidung ganz offen mit. Sagen Sie zum Beispiel: »Ich respektiere, dass Sie sich noch nicht für mich entschieden haben.« Sagen Sie das aber nicht nur daher, sondern machen Sie sich selbst klar, dass es so in Ordnung ist.

Akquisition ohne Hemmungen

Mut + Methode = verlässlich hohe Performance

Provozieren und irritieren, um Aufmerksamkeit zu bekommen, und dann eine verlässliche Methode besitzen, um aus neuen Kontakten neue Kunden zu generieren – mit dieser Kombination verliert Akquisition sogar für Schüchterne ihren Schrecken. Sie wird zu einer alltäglichen Selbstverständlichkeit im Business. Mut legt den Schalter um – anschließend sorgt System dafür, dass Sie Ihre Aufgabe meistern. Stellen Sie sich vor, Sie wollen einen See durchschwimmen. Es kostet Überwindung, es sich zuzutrauen. Möglicherweise wird Ihnen allein mitten auf dem See, umgeben von nichts als Wasser, etwas mulmig. Aber jetzt hilft Ihnen eine gute

Schwimm- und Atemtechnik. Wenn Sie nicht richtig schwimmen können und nicht wirklich fit sind, sollten Sie keinesfalls einen See durchschwimmen wollen. Das wäre kein Mut, sondern bloß Übermut.

Mut hilft Ihnen, den ersten Schritt zu tun. Er kann Ihre Kenntnisse und Fähigkeiten nicht ersetzen. Aber er sorgt dafür, dass Sie Ihr volles Potenzial auch einsetzen können. Nach jeder kleinen Mutprobe werden Sie merken, wie viel mehr in Ihnen steckt. Und Sie werden zunehmend bereit sein, alle Ihre Ressourcen einzusetzen. Angst ist nichts Schlimmes, niemand sollte sich für seine Ängste schämen. Doch letztlich sind viele Ängste archaische Überbleibsel aus früheren Epochen der Menschheitsgeschichte, die in unserem Gehirn immer noch einprogrammiert sind. Vor 10 000 Jahren in der Steppe konnte es den sicheren Tod durch Verhungern bedeuten, aus der Gemeinschaft ausgeschlossen zu werden. Und allein auf eine andere Gruppe von Menschen zu treffen konnte heißen, ohne größere Diskussion einen tödlichen Schlag mit der Keule auf den Kopf zu bekommen.

Unter solchen archaischen Lebensbedingungen ist Sozialangst – die Furcht vor Ausschluss aus der Gruppe bzw. vor Ablehnung durch Fremde – absolut berechtigt. In unserer heutigen Gesellschaft hingegen sind wir oft zu empfindlich. Wir machen uns übertriebene Gedanken, was alles passieren könnte, falls uns Fehler unterlaufen oder wir bei den anderen nicht gut ankommen. Dabei gibt es schon rein statistisch gesehen genauso viele Menschen, die Angst vor dem Kontakt mit uns haben, wie umgekehrt! Kleine Mutproben im Berufsalltag machen nicht nur erfolgreicher, sondern helfen auch dabei, sich nicht übertrieben viele Gedanken zu machen, ob die anderen einen lächerlich oder unverschämt oder sonst wie unmöglich finden. Darauf, was andere Menschen über uns denken, haben wir ohnehin keinen Einfluss. Jeder macht sich die Gedanken, die er sich machen will.

> **Wir sind oft zu empfindlich – trainieren wir mehr Mut!**

Psychologen empfehlen denn auch Menschen mit ausgeprägter Sozialangst nichts anderes, als immer wieder Mutproben zu bestehen – auch wenn es im psychologischen Fachjargon natürlich nicht so heißt, sondern »Verhaltenstraining« oder »Selbstsicherheitstraining«. Letzt-

Sieht so eine seriöse Geldanlage aus?

lich geht es darum, stets aufs Neue Grenzen zu überschreiten und so lange Widerstände zu überwinden, bis die bisher schwierigen Situationen zur Gewohnheit werden. Wie beim Hochsprung, wo die Latte im Training immer wieder ein Stück höher gesetzt wird. Selbstverständlich können auch Menschen, die sich bereits für ziemlich selbstsicher halten, mit dieser Methode noch besser und mutiger werden. Sie fangen dann einfach auf einem höheren Level an zu trainieren.

Und was, wenn Sie die Latte einmal reißen? Was, wenn Sie bei mutiger Akquisition wirklich einmal genau die negative Reaktion ernten, die Sie sich in Ihren schlimmsten Fantasien ausgemalt haben? Erstens einmal können Sie generell vorsorgen, sich nicht zu überlasten. Suchen Sie bei persönlicher Akquisition Ihre Top Five an Ansprechpartnern heraus und gehen Sie erst dann zu den nächsten fünf über, wenn Sie mit den ersten fünf im Dialog sind. So vermeiden Sie, überrollt zu werden und in Stress zu geraten. Das ermöglicht Ihnen, sich auch auf schwierige Gespräche einzulassen und für Leute, die sich tatsächlich einmal über Sie ärgern, genügend Zeit zu haben.

Zweitens gilt eine Faustregel von Edgar Geffroy, der Ende der Achtzigerjahre mein erster Chef als Berater und Trainer war: »Von zehn Leuten, die du mutig mit etwas Ungewohntem konfrontierst, kannst du nur maximal acht gewinnen. Zwei werden immer dagegen sein. Von diesen zweien kannst du wiederum maximal einen noch umstimmen. Den Zehnten musst du einfach ziehen lassen, egal, was er anschließend macht und wie schlecht er möglicherweise über dich redet.« Wenn Sie sich diese »8-2-1«-Formel einprägen und gar nicht mehr damit rechnen, es allen recht zu machen, werden Sie noch mutiger auf Menschen zugehen. Nach einer gewissen Zeit betreiben Sie Akquisition ohne Hemmungen.

> **Einen von zehn werden Sie nicht für sich gewinnen – na und?**

Keine Hemmungen mehr zu haben, bedeutet freilich nicht, im Business vollkommen enthemmt zu agieren. Einer der Schweizer Bankberater hatte die »persönliche Beipack-Idee«, sich in einer Spielbank Jetons zu besorgen. Er packte jeweils drei Jetons in ein Kuvert und schrieb dazu handschriftlich:

> *»Geld ist nicht zum Spielen da. Lassen Sie uns*
> *über seriöse Geldanlagen sprechen.«*

Bevor wir zu Ihrer ersten persönlichen Mutprobe kommen, möchte ich Ihnen daran anknüpfend noch mit auf den Weg geben: Akquirieren Sie smart. Seien Sie mutig. Aber bleiben Sie stets seriös.

Ihre erste Mutprobe

Machen Sie innerhalb von zehn aufeinanderfolgenden Tagen zehn unbekannten Menschen jeweils ein Kompliment. Sprechen Sie eine besonders geschmackvoll gekleidete Person an und machen Sie ihr ein Kompliment zu ihrem Outfit. Gehen Sie zu einer Kassiererin, die gerade von einem Kunden beschimpft wurde, und machen Sie ihr ein Kompliment dafür, dass sie die Nerven bewahrt hat. Machen Sie einem rücksichtsvollen Fahrgast in der Bahn ein Kompliment für sein Verhalten. Das sind nur wenige Beispiele. Halten Sie einfach die Augen offen und honorieren Sie täglich mit einem Kompliment, wer Ihnen positiv auffällt. Aber Achtung: Es ist nur dann eine Mutprobe, wenn Sie eigens für das Kompliment mit der Person in Kontakt treten. Einem Kellner, der Sie gerade bedient hat, ein Kompliment zu machen, zählt zum Beispiel nicht.

Bitten Sie eventuell einen guten Freund oder eine gute Freundin, Ihnen zu helfen und Sie zu kontrollieren. Vereinbaren Sie, ihm oder ihr an den zehn Tagen jeweils eine kurze E-Mail mit einer Beschreibung der Mutprobe zu senden, die Sie gerade bestanden haben. Und verlangen Sie, per E-Mail erinnert zu werden, sollte Ihre Erfolgsmeldung einmal ausbleiben.

**Fokus:
Kundenpflege**

ZWEITE MUTPROBE

Beziehungen vertiefen

*Warum sollten Juweliere peinlich sein? Weshalb ist es so verlockend,
sich in der Komfortzone aufzuhalten? Was haben Handschellen
mit Kundengesprächen zu tun? Welche Bilanz zieht ein Kunde
nach jedem Gespräch mit Ihnen? Was machen die besten Vertriebler
der Welt anders als der Durchschnitt? Erwarten Sie Antworten.
Und machen Sie sich bereit für die zweite Mutprobe.*

Ich kam zurück ins Meeting, stellte mich vorne neben das
Flipchart und machte mit meiner Moderation dort weiter, wo ich vor fünf Minuten aufgehört hatte. Doch die
Herren am Konferenztisch schienen überhaupt nicht bei
der Sache. Plötzlich hält ein Teilnehmer hinten am Tisch
schweigend eine Moderationskarte in die Höhe. Darauf
hat er mit dickem Filzstift »Reißverschluss« geschrieben.
Ich verstehe nur Bahnhof. Reißverschluss? Was soll mir das
jetzt sagen? Ist der Prozess, den wir gerade besprechen, wie ein
Reißverschluss? Oder soll der Reißverschluss am Ende eines Verkehrs-
staus eine Metapher für irgendwas sein? Ich schüttelte den Kopf. Da
wurden auch die anderen im Raum aktiv und zeigten auf meine Hose.
Ach so, ich hatte vergessen, den Reißverschluss meiner Hose zu schließen! Unter großem Gelächter der gesamten Runde holte ich nach, was
ich vor dem Rückweg vom WC hätte erledigen sollen.

**Wenn alle plötzlich
so komisch sind ...**

Mann, war das peinlich! So richtig peinlich. Und das war ganz wunderbar. Diese Situation war wie ein Geschenk für unser Meeting. Denn mit dem herzlichen Lachen über die peinliche Situation ist emotional etwas passiert. Die Teilnehmer der Besprechung sind sich menschlich nähergekommen. Die nervöse Anspannung, mit der wir unseren Kunden oder Berufskollegen oft begegnen, weil wir uns keine Blöße geben wollen, war plötzlich weg. Die Beziehung der Teilnehmer untereinander hatte sich innerhalb weniger Minuten ein kleines Stück vertieft. In der restlichen Zeit des Meetings war das deutlich zu spüren. Die Anwesenden machten mutigere Vorschläge, gaben offener und direkter Feedback und lachten viel mehr als vor meinem Auftritt mit offenem Hosenstall.

Spitzenresultate erzielt nicht, wer Menschen mit Fakten erschlägt. Die treuesten Kunden hat auch nicht derjenige, der stets hyperkorrekt auftritt und sich nie in die Nesseln setzt. Die Besten im Business haben Erfolg, weil sie die Herzen der Menschen berühren und sie emotional begeistern. Was heute wissenschaftlich kompliziert als »Neuromarketing« tituliert und mit »Limbic Maps« illustriert wird, wussten Legenden wie Walt Disney, Enzo Ferrari oder Steve Jobs auch so: Wenn du eine tiefe emotionale Beziehung zu deinen Kunden aufbaust, werden sie sich mit deinem Unternehmen identifizieren und dir folgen. Kunden sind nicht demjenigen Anbieter treu, der die wenigsten Fehler macht. Sondern sie bleiben dort, wo sie sich wohlfühlen.

> »Der größte Fehler, den man im Leben machen kann,
> ist, immer Angst zu haben, einen Fehler zu machen.«
> DIETRICH BONHOEFFER

Wann immer ich in den letzten Jahren in Unternehmen gekommen bin, ging es dort meistens höflich und korrekt zu. Vor allem im Premiumsegment sind Mitarbeiter heute durchweg gut geschult und machen einen kompetenten Eindruck. Gleichzeitig wirken sie auf mich aber oft kühl und reserviert. Und wenn ich ein Geschäft, eine Praxis oder eine Firmenzentrale verlasse, habe ich die Gesichter schnell wieder vergessen. Woran liegt das?

Schwache Kundenbeziehungen in der Komfortzone

Die Psychologin Bea Engelmann entwickelt in ihrem Buch *Willkommen in der Mutzone* ein »7-Zonen-Mut-Modell«, das die Leser ermuntert, in bis zu sechs Schritten ihre persönliche »Mutzone« zu erreichen. Je nachdem, in welcher »Zone« jemand feststeckt, trennen ihn mehr oder weniger Schritte von einem durchweg mutigen Verhalten im Alltag, eben der »Mutzone«. Am weitesten davon entfernt sind Menschen in der »Angstzone«. Auch in dem Buch, das Sie gerade lesen, war von der grassierenden Sozialangst die Rede. Je stärker diese Ängstlichkeit ausgeprägt ist, desto mehr hindert sie Mitarbeiter daran, aktiv neue Kunden zu akquirieren. Doch wer keine Angst hat, ist deswegen noch lange nicht mutig. Gleich nach der »Angstzone« kommt für Bea Engelmann nämlich die »Komfortzone«. Sie ist am zweitweitesten entfernt von der »Mutzone«.

> Ist die Angst weg, bleibt die Bequemlichkeit

Genau wie Angst an der richtigen Stelle ihre Funktion hat, ist auch die »Komfortzone« psychologisch nicht ausschließlich negativ zu bewerten. Wir alle brauchen Bereiche im Alltag, die uns Sicherheit, Halt und Orientierung vermitteln. Dazu zählt für viele die Familie oder der Freundeskreis. Auch ein gemütlich eingerichtetes Zuhause, ein gesunder Lebensrhythmus oder bestimmte Werte und Überzeugungen sorgen dafür, dass wir nicht permanent innerlich ins Schwimmen geraten. Problematisch wird es dann, wenn wir zu bequem geworden sind, unseren vertrauten Kontext auch einmal zu verlassen und mit unseren lieben Gewohnheiten zu brechen.

Oberflächliche Beziehungen finden ausschließlich in unserer persönlichen Komfortzone statt. Sobald wir Beziehungen vertiefen wollen – egal ob beruflich oder privat –, müssen wir unseren Wohlfühlbereich verlassen, uns öffnen und Risiken eingehen. Beziehungsstarke Menschen besitzen genau diese Fähigkeit in hohem Maß. Sie verlassen ihre Komfortzone, riskieren Fehler und Ablehnung, stellen aber damit gleichzeitig Vertrauen und Nähe her. Vor allem zeigen sie dort starke Emotionen, wo diejenigen, die in ihrer Komfortzone bleiben möch-

**Ein gemütlicher Lieblingsplatz tut uns gut.
Um Beziehungen zu vertiefen, müssen wir unsere
Komfortzone jedoch verlassen.**

ten, lieber kühle Distanz wahren. Typischerweise rationalisieren wir unsere Komfortzonen, um in ihnen verharren zu dürfen. Dann heißt es: »Das gehört sich doch so.« Oder: »Das ist in unserer Branche so üblich.«

So war es auch bei etlichen Mitarbeitern einer Juwelierkette, die mein Team vor einigen Jahren trainiert hat. Das Personal in den Filialen war ausgesprochen freundlich und beherrschte die Knigge-Regeln aus dem Effeff. Trotzdem fühlte ich mich bei meinen ersten Besuchen in den

Geschäften überhaupt nicht wohl. Ich nahm eine kühle Routine wahr: eingeschliffene Prozesse und das Bemühen, bloß keine Fehler zu machen. Da kam zum Beispiel ein Kunde herein und hatte im Schaufenster eine Uhr gesehen. Er durfte sich hinsetzen und bekam diese Uhr dann gezeigt. Als Beobachter dachte ich: Hier geht es ja zu wie beim Notar! Bloß möchte der Kunde keinen Vertrag beurkundet haben, sondern sich etwas ganz besonders Schönes leisten. Oder einem anderen Menschen ein außergewöhnliches Geschenk machen. Das ist doch pure Emotion!

Geht es hier um Schönheit oder sind wir beim Notar?

Was passiert, wenn Sie kühl und reserviert mit Menschen umgehen, die gerade voller positiver Emotionen sind? Keine Frage: Der Gefühlsmix des anderen wird sich immer mehr Ihrer Gefühlslage anpassen, je länger der Kontakt dauert. Irgendwann haben Sie die guten Gefühle des anderen neutralisiert. Das bedeutet aber, dass er jetzt vielleicht ganz nüchtern auf Ihr Produkt schaut, nachdem es ihn anfänglich elektrisiert hatte. »Ich überleg es mir dann noch mal«, ist so ein typischer Satz, mit dem Ihr Kunde den Kontakt beendet. Wenn solche Worte fallen, dann wissen Sie, dass es Ihnen nicht gelungen ist, sich emotional auf den Kunden einzulassen und die Beziehung zu vertiefen. Möglicherweise war es Ihnen wichtiger, in Ihrer Komfortzone zu bleiben und sich keine Blöße zu geben.

Emotionen zeigen – und am besten peinlich sein!

Nach jedem Gespräch mit Ihnen zieht Ihr Kunde eine emotionale Bilanz. Auf der Ebene des Unterbewusstseins wird genau registriert, ob eine Begegnung positive Gefühle geweckt oder verstärkt, positive Gefühle neutralisiert oder gar negative Gefühle geweckt hat. Nur im ersten Fall wird Ihr Kunde die Begegnung mit Ihnen als ein Ereignis speichern, das er gerne wiederholen möchte. Haben Sie ihm seine guten Gefühle genommen, dann sind Sie ein Energieräuber. Ihr Kunde wird weitere Begegnungen mit Ihnen ebenso vermeiden wollen, wie wenn Sie ihn mit Negativität angesteckt hätten. Sofern Sie es aber schaffen, jeden Kontakt emotional positiv zu gestalten, vertiefen Sie Schritt für Schritt die Beziehung. Ihr Kunde wird öfter wiederkommen und mehr bei Ihnen kaufen.

Vergessen Sie Knigge – werden Sie persönlich, privat und peinlich

Das amerikanische *Keep smiling* oder unser guter alter Knigge genügen leider nicht, um positive Emotionen zu wecken und zu verstärken. Wenn Sie keinen Mut aufbringen müssen, es nicht kribbelt und sich beim ersten Mal nicht brenzlig anfühlt, werden Sie kaum tiefere Beziehungen zu Ihren Kunden aufbauen. Mein bester Rat lautet deshalb: Seien Sie peinlich! Ja genau: peinlich. Pfeifen Sie im rechten Moment auf den Freiherrn von Knigge und setzen Sie sich über Regeln und Grenzen hinweg, um Ihrem Gegenüber näher zu kommen. Erinnern Sie sich an die Geschichte mit meinem offenen Reißverschluss während der Präsentation: Wenn mir das nicht versehentlich passiert wäre, hätte ich es mit Absicht machen sollen. Peinlichkeiten schmieden zusammen und stellen emotionale Nähe her. Genau das, was eine positive Kundenbeziehung braucht.

Bei unserer Arbeit für die Juwelierkette sind wir deshalb auf die »PPP«-Formel gekommen. Die drei »P« stehen für »persönlich, privat, peinlich«. Schießt Ihnen im Kundengespräch manchmal eine Frage oder eine Bemerkung durch den Kopf, die Sie sich dann verkneifen? Hätten Sie in der Begegnung mit einem Kunden manchmal Lust, etwas zu tun, was »man« nicht tut? Dann fragen Sie sich: Ist das persönlich, privat und peinlich? Falls Sie drei Mal innerlich Ja sagen, liegen Sie genau richtig. Dann machen Sie das! Sie können sicher sein, dass Sie auf diese Weise Beziehungen vertiefen. Im ersten Moment fühlt es sich wahrscheinlich unangenehm an. Das ist das Verlassen der Komfortzone. Die Mutprobe. Aber wenn Sie dann mit Ihrem Kunden gemeinsam herzlich lachen, dreht sich dessen emotionale Bilanz bereits ins Positive.

Nehmen wir zunächst ein harmloses Beispiel. Ein Kunde kommt ins Juweliergeschäft und fragt nach einer Taucheruhr, die er im Schaufenster gesehen hat. Statt nun mit der Nüchternheit eines schwedi-

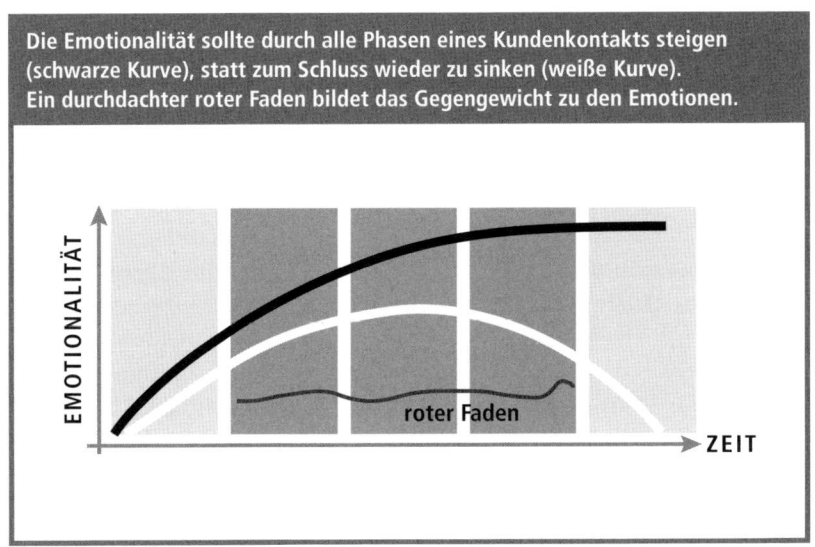

Die Emotionalität sollte durch alle Phasen eines Kundenkontakts steigen (schwarze Kurve), statt zum Schluss wieder zu sinken (weiße Kurve). Ein durchdachter roter Faden bildet das Gegengewicht zu den Emotionen.

schen Steuerbeamten die Uhr hervorzuholen, fragt die Mitarbeiterin: »Wohin geht's denn in den Urlaub?« So eine Frage stellt »man« nicht, wenn ein Kunde gerade das Geschäft betreten hat. Aber es ist aufmerksam beobachtet: Taucheruhr = Urlaub. Offensichtlich interessiert sich hier jemand für seinen Kunden. Selbst wenn der Kunde jetzt sagt: »Ich fahre gar nicht weg, mir gefällt bloß die Uhr«, kann die Mitarbeiterin weitermachen: »Haben Sie gerade keine Lust auf Urlaub? Das ist aber schade …« Spätestens jetzt ist das Gespräch persönlich, privat und – zumindest ein bisschen – peinlich. Und damit kommt zwischen Verkäuferin und Kunde Emotionalität ins Spiel.

Im nächsten Schritt könnte der Kunde verführt werden, sich selbst mit einer richtig schönen Uhr zu belohnen. Wenn er schon nicht in den Urlaub fährt. Die Peinlichkeit ist natürlich kein Selbstzweck. Sie stellen während des Kundenkontakts Nähe her, steigern die Emotionalität und können dann ganz selbstverständlich Ihr Angebot ins Spiel bringen. Wichtig ist es, die Emotionalität über den gesamten Kundenkontakt kontinuierlich zu steigern. Fällt die Emotionskurve wieder ab, wirkt sich das negativ auf die emotionale Bilanz aus. Lösen Sie also zum Beispiel Peinlichkeit in Fröhlichkeit auf und steigern Sie diese dann noch. Nutzen Sie diese positive Stimmung, um Ihrem Kunden etwas ganz Tolles zu zeigen oder anzubieten. Schritt für Schritt lassen Sie mehr Emotionen zu und vertiefen die Beziehung.

Was »persönlich, privat und peinlich« ist, hängt selbstverständlich stark von der Branche und der Situation ab. In Juweliergeschäften, bei Banken oder beim Steuerberater geht es förmlich und korrekt zu, während in einem Elektronikmarkt oder bei einem Internet-Startup die Peinlichkeitsschwelle sicherlich höher liegt. Entscheidend ist, was *Sie persönlich* gegenüber Ihrem Kunden als peinlich empfinden. Das ist Teil Ihrer Mutprobe – und ein Schlüssel zu fruchtbaren Kundenbeziehungen. Vielen Menschen ist es zum Beispiel peinlich, andere zu berühren. Trauen Sie sich! Legen Sie als Juwelier dem Kunden die Uhr an, statt es ihn selbst machen zu lassen. Oder geleiten Sie Ihren Geschäftspartner mit einer – wenigstens angedeuteten – Berührung am Oberarm freundschaftlich in den Konferenzraum.

Berührungen sind wie Handschellen

Mit einer Berührung legen Sie Ihrem Kunden »emotionale Handschellen« an. Leichte oder angedeutete Berührungen verstärken Emotionen während eines Gesprächs. Sie signalisieren Ihrem Kunden, dass Sie eine positive Beziehung mit ihm eingehen möchten und ihn so leicht nicht mehr zurück in die Unverbindlichkeit entlassen werden. Hirnforscher beschreiben das Bindungsbedürfnis als einen unserer stärksten emotionalen Antriebe. Sie werden merken, dass die meisten Menschen auf das Angebot, eine Bindung einzugehen, positiv reagieren. Dazu ist es aber wichtig, dass Sie sich persönlich anbieten. Lassen Sie das nervige »Wir« weg, mit dem Sie sich immer korrekt als Teil einer Firma oder eines Teams beschreiben. Sagen Sie »Ich zeige Ihnen …« oder »Ich biete Ihnen …«, auch wenn Sie Mitglied eines Teams sind. Das ist emotional kraftvoll.

EVA oder: Verführung mit dem Apfel

Manchmal haben wir nur eine Stunde Zeit, um eine Kundenbeziehung zu vertiefen. So ging es mir vor ein paar Jahren, als ich in der Innenstadt von Frankfurt auf dem Weg zu einem Pitch war. Ich wollte diesen Kunden unbedingt für einen Großauftrag gewinnen. Allerdings kannte ich meinen Ansprechpartner nur flüchtig und die meisten, die an diesem Tag im Konferenzraum sitzen würden, überhaupt nicht. Was konnte ich tun, um meine Chance zu nutzen? Zunächst einmal: Druck reduzieren, locker werden und mich selbst in eine positive Stimmung bringen. Ich sagte mir also: Wenn's mit dem Auftrag nichts wird, dann kommt ein anderer. Mit dieser Einstellung schlenderte ich noch ein wenig durch die Stadt, trank zwischendurch einen guten Espresso und merkte, wie meine Laune immer besser wurde.

Ohne Stimmung keine Zustimmung

Als ich weiter darüber nachdachte, wie ich meinen Kunden zu dem Großauftrag verführen könnte, kam ich bei einem türkischen Obsthändler vorbei. Ich sah die Äpfel in der Auslage und musste schmunzeln: Meine Lieblingsgeschichte in der Bibel war immer die von Eva und dem Apfel. Der Teufel in Gestalt einer Schlange verführt die nackte Schönheit, in einen knackigen, saftigen Apfel zu beißen. Was für ein scharfes Bild für Verführung! Plötzlich dachte ich: Genauso werde ich es heute auch machen – ich werde meinen Kunden mit Äpfeln verführen. Der Händler glotzte mich blöd an, als ich in meinem Businessanzug 20 Äpfel haben wollte. Er konnte ja nicht ahnen, was ich mit den Äpfeln vorhatte.

Ich hatte mir überlegt, jedem Teilnehmer des Meetings vorher einen Apfel auf den Tisch zu legen. Dummerweise saßen aber schon alle auf ihren Plätzen, als ich reinkam. Jetzt konnte ich meine Äpfel nur noch überreichen, merkte aber, dass das viel zu lange dauerte. Da warf ich jedem Teilnehmer einfach einen Apfel zu. Nicht gerade gutes Benehmen – und damit der perfekte Eisbrecher. Die Stimmung wurde sofort lockerer. Dann begann ich meine Präsentation.

*»Jeder Mensch ist ein Clown, aber nur wenige haben den Mut,
es zu zeigen.«* CHARLIE RIVEL

Ich nahm einen Apfel in die Hand und sagte: »Wissen Sie, was ich vorhabe?« Ratlose Blicke bei den überwiegend männlichen Führungskräften in Anzug und Krawatte. »Ich habe vor, Ihre Mitarbeiterinnen zu verführen.« Etwa 90 Prozent der Angestellten dieser Firma waren Frauen. Ich schaute lustvoll auf den knackigen Apfel in meiner Hand und spürte, wie die Spannung im Raum stieg. Dann stellte ich mein komplettes EVA-Konzept vor, den »Emotionalen Verkaufs-Ansatz« (siehe Tipp). Am Schluss der Präsentation sagte ich etwas wie: »Vielleicht konnte ich Sie ja auch verführen?« Dann nahm ich einen Apfel, biss hinein und ließ ihn mir schmecken. Es dauerte einen Moment, da nahm der erste Zuhörer ebenfalls seinen Apfel und biss hinein. Schließlich taten es auch alle anderen, und wir schmatzten und lachten und ließen uns die Äpfel schmecken. Verführung geglückt!

TIPP

Die 10 EVA-Regeln

EVA ist die Verführung mit dem Apfel, der »Emotionale Verkaufs-Ansatz«. Mit mehr Emotion verleihen Sie Ihren Kundenbeziehungen Tiefe und verkaufen besser. Hier sind alle 10 EVA-Regeln im Überblick:

1. Die Stimmung muss stimmen

Wenn Sie selbst nicht bester Stimmung sind, können Sie auch Ihre Kunden nicht positiv emotional ansprechen. Machen Sie sich Ihre Stimmung bewusst und versetzen Sie sich vor wichtigen Kundengesprächen zunächst selbst in gute Stimmung. Mentaltechniken können Ihnen dabei helfen.

2. Emotionale Energie ist der Turbo

Lernen Sie, die Emotionen Ihres Kunden zu erfassen und eigene Emotionen rüberzubringen. Achten Sie besonders auf Ihre Wahrnehmung über Auge und Ohr: Was sagt Ihnen die Körpersprache? Welche Gefühle zeigt die Stimme an? Haben Sie den Mut, sich zu öffnen und auf Ihr Gegenüber emotional einzuschwingen.

3. Menschen möchten ihren Namen hören

Wenn Sie den Namen Ihres Kunden kennen, dann verwenden Sie diesen regelmäßig. Jeder Mensch möchte gerne mit seinem Namen angesprochen werden. Seien Sie mutig und fragen Sie auch »Laufkundschaft« oder Neugierige am Messestand nach dem Namen: »Ich heiße Peter Winter und würde Sie auch gerne mit Namen ansprechen. Wie heißen Sie?«

4. »Ich« ist besser als »wir«

Bringen Sie sich selbst ins Spiel und nicht die Firma oder das Team mit dem üblichen »wir«. Stellen Sie auf diesem Weg einen direkten Draht zu Ihrem Kunden her. Sagen Sie zum Beispiel: »*Ich* werde Ihre Anfrage heute noch bearbeiten.« Der Kunde kann nun zu Ihnen persönlich Vertrauen aufbauen. (PS. Enttäuschen Sie ihn bitte nicht, sondern übernehmen Sie tatsächlich Verantwortung.)

5. Berührungen sind »emotionale Handschellen«

Berühren Sie Ihre Kunden sanft oder deuten Sie dort, wo es sehr förmlich zugeht, leichte Berührungen an. Körperlicher Kontakt stellt sofort Nähe her. In unserer Gesellschaft haben viele Menschen Scheu, Fremde zu berühren. Seien Sie mutiger! Vermeiden Sie lediglich Berührungen von oben herab, etwa mit der Hand auf die Schulter – das drückt Dominanz aus und irritiert Ihren Kunden.

6. Menschen möchten verführt werden

Tasten Sie sich an die Emotionen Ihrer Kunden heran und binden Sie sie mit Charme. Gerade dann, wenn Ihr Produkt oder Angebot überhaupt nicht emotional ist – beispielsweise Steuerberatung, Versicherungen oder Baumaterial –, haben Sie als sympathischster Anbieter im Wettbewerb die besten Chancen. Sympathie entsteht dort, wo Sie Gemeinsamkeiten entdecken und betonen.

7. Komplimente öffnen das Herz Ihres Gegenübers

Überlegen Sie einmal, wie oft Sie andere Menschen kritisieren und wie häufig Sie ihnen Komplimente machen. Wenn Sie für alles, was Ihnen irgendwo negativ auffällt, an anderer Stelle mindestens ein Kompliment machen, bringen Sie sich und Ihre Kunden in positive Stimmung. Beobachten Sie Ihre Kunden nicht nur genau, sondern machen Sie ein Kompliment, wenn Ihnen etwas positiv auffällt. ▶

8. Hilfe anbieten statt um Hilfe gebeten werden

Wer Kunden genau beobachtet, findet immer Möglichkeiten, ihnen Hilfe anzubieten. Einer Kundin fällt ein Briefumschlag zu Boden? Bieten Sie an, den Brief zu frankieren und einzuwerfen. Das Meeting ist vorbei und draußen regnet es? Bieten Sie dem Kunden einen Schirm an. Ihr Kunde muss zum Flughafen? Rufen Sie ihm ein Taxi oder suchen Sie ihm die schnellste S-Bahn-Verbindung heraus.

9. PPP – persönlich, privat, peinlich

Suchen Sie nach Möglichkeiten, im Kundengespräch auf eine persönliche und private Ebene zu kommen. Trauen Sie sich, Grenzen zu überschreiten und auch einmal – leicht – peinlich zu sein. Wer seinem Kunden persönliche Fragen stellt, irritiert ihn vielleicht im ersten Moment, zeigt aber auch, dass er sich für sein Gegenüber menschlich wirklich interessiert.

10. Feedback hilft weiter

Was mag der Kunde nach dem Gespräch mit Ihnen denken? Seien Sie mutig und fragen Sie ihn einfach: »Wie hat Ihnen unser Gespräch gefallen?« Oder: »Mir hat es Freude gemacht, Sie zu beraten – wie haben Sie es erlebt?« Kritisches Feedback hilft Ihnen, besser zu werden. Sie werden aber auch viele Komplimente hören. Motivation pur, die Sie sich unbedingt abholen sollten.

Je weniger Zeit Sie haben, um eine Kundenbeziehung zu vertiefen, desto wichtiger ist es, die Sachbotschaft in den Hintergrund zu rücken und emotional zu werden. Richtig wohlgefühlt habe ich mich bei meinem Auftritt mit den Äpfeln erst am Schluss. Zunächst einmal musste ich meine Komfortzone verlassen. Ich wusste nicht, wie die Leute reagieren würden. Deshalb musste ich alle Teilnehmer genau beobachten, um im Ernstfall reagieren und die Situation retten zu können. Hilfreich ist dabei ein roter Faden. Pure Emotion ist gefährlich. Wer gleichzeitig eine kluge Argumentation im Hinterkopf hat, wahrt die Balance.

Back to the Roots: Die menschliche Ebene zählt

Manchmal werde ich gefragt, welche Methoden, Instrumente und Tricks die erfolgreichsten Vertriebsorganisationen der Welt einsetzen, um ihre Umsätze und Erträge zu steigern. Was ist deren »Killerapplikation«? Womit arbeiten die Besten der Besten? Als Antwort auf diese Frage erzähle ich gerne von dem erfolgreichsten Verkäufer, den ich jemals kennengelernt habe. Ich war zu Besuch in der deutschen Niederlassung eines der drei umsatzstärksten IT-Unternehmen der Welt. Mein dortiger Ansprechpartner aus der Personalabteilung begrüßte mich grinsend, als wir uns in einer Pausenecke mit Bistrotischen und Kaffeemaschine trafen.

Mit welchen Tricks arbeiten die Besten?

»Herr Verweyen, heute habe ich eine Überraschung für Sie«, sagte er. »Ich mache Sie mit unserem erfolgreichsten Verkäufer bekannt. Nicht dem erfolgreichsten in Deutschland, sondern dem erfolgreichsten auf der ganzen Welt.« Ich war sofort elektrisiert. Einem solchen Mann Fragen stellen und von ihm etwas lernen zu können, war eine einmalige Chance. Der Personalmensch erzählte mir, dass dieser Mann millionenteure Komplettlösungen an Unternehmen verkaufen würde wie andere auf der Straße Würstchen. Langsam wurde ich so nervös, als stünde mir eine Audienz bei der Queen bevor. Ungeduldig fragte ich schließlich: »Wann kommt denn der Mann?« Daraufhin sagte mein Gegenüber: »Er steht bereits neben Ihnen.«

Ich drehte mich zur Seite. Neben der Kaffeemaschine stand ein Typ, den ich bisher gar nicht wahrgenommen hatte: die langen rötlichen Haare zu einem Zopf gebunden, enge Jeans, auffälliger Ring, Cowboystiefel. »Hallo«, sagte er schlicht und rührte mit einem Stäbchen in seinem Kaffeebecher. »Wollen wir uns hinsetzen oder stehen bleiben?« Ich entschied mich für einen Stehtisch und hielt mich daran fest, um mich ein wenig zu sammeln. Dieser abgewrackte, eher zurückhaltende Typ sollte der erfolgreichste Verkäufer einer der größten Firmen der Welt sein? Mein Verkäuferbild brach vollständig zusammen. Ich versuchte, so gut es ging, mir meine Verwunderung nicht anmerken zu lassen.

Topverkäufer auf dem Weg zum Kunden? Gut möglich.

»Stellen Sie mir ruhig Fragen«, sagte mein Gegenüber und sah mich dabei wach und aufmerksam an. Als Erstes sprach ich ihn auf seine Kleidung an. Ging er so zum Kunden? »Nein, heute bin ich mit meiner Harley da«, sagte er lächelnd. »Aber ich verkleide mich auch für meine Kunden nicht, da lasse ich nur die Stiefel weg.« So langsam war ich nicht mehr verwundert, sondern beeindruckt. Verdammt, dachte ich, dieser Mann ist authentisch! Das ist kein Blender.

Ich fragte ihn jetzt direkt nach seinem Erfolgsrezept. Da sagte er: »Wissen Sie, ich bin Arbeiter. Ich arbeite an Beziehungen zu Menschen. Ich kenne sie alle: die Pförtner, die Administratoren, die Einkäufer und die Manager. Und ich bin mit allen per du.«

> »Ich bin Arbeiter. Ich arbeite an Beziehungen.«

Da ging mir ein Licht auf: Die Kundenbeziehung ist der Schlüssel zu allem. Dieser Mann war der beziehungsstärkste Verkäufer und nur deshalb auch der beste. Wo andere sogenannte Topverkäufer im Brioni-Anzug mit Einstecktuch grußlos am Pförtner vorbeirauschten, da sagte er zu dem Mitarbeiter hinter der Glasscheibe: »Hey, Günter, wie geht's dir?« Und wenn er dann angeboten bekam, auf einen dünnen Filterkaffee reinzukommen, nahm er dankend an. Im Ergebnis war die ganze Firma auf seiner Seite. Jeder kannte ihn, jeder mochte ihn. Doch wie kamen die Leute ab der dritten Führungsebene aufwärts mit seinem Pferdeschwanz und seiner Jeans zurecht? »Anfangs haben die ein Problem mit mir«, gab er offen zu. »Aber sobald wir uns kennen, akzeptieren die das.«

Dieser Mann hatte wirklich Mut! Sein Auftreten war für einen Verkäufer, der Industriekunden betreut, ziemlich peinlich. Und genau das öffnete ihm die Türen, überall Beziehungen zu knüpfen und zu pflegen. Zudem besaß er nicht das typische Verkäufer-Ego, sondern bezeichnete sich selbstironisch als »Arbeiter«. Bis heute bin ich beeindruckt von diesem Mann. Seine gelebte Botschaft heißt für mich: *Back to the Roots*. Menschlichkeit ist nicht alles, aber ohne Menschlichkeit ist alles nichts. Kundenbeziehungen vertiefen ist kein Luxus, sondern die Basis jedes Erfolgs. Am Ende unseres Gesprächs verabschiedete sich der Mann übrigens aus der Firma, um ein halbes Jahr Urlaub zu machen und mit dem Motorrad kreuz und quer durch die USA zu fahren. Er konnte es sich leisten.

Sinn und Unsinn von Psychomodellen

Seit gut einem Jahrzehnt haben Persönlichkeitsprofile und psychologische Typologien im Business Hochkonjunktur. Jeder, der sich regelmäßig fortbildet, kennt mittlerweile mindestens zwei oder drei dieser Modelle. Ob sie nun MBTI, DISG oder Big Five heißen – alle diese Werkzeuge sollen helfen, uns selbst und andere besser zu verstehen und

Sind Sie ein Gelber, ein INFJ oder etwa ein Rigider?

auf dieser Basis zwischenmenschliche Beziehungen positiver zu gestalten. Jede dieser Typologien hat ihre Vor- und Nachteile. Ich habe nichts gegen sie einzuwenden, wenn sie dabei helfen, reflektierter zu werden sowie Toleranz und Empathie gegenüber Menschen einzuüben, die anders sind als wir selbst.

Wogegen ich etwas einzuwenden habe, ist der Glaube, Persönlichkeitsmodelle könnten den Mut ersetzen, sich Kunden gegenüber zu öffnen, eine positive Beziehung einzugehen und diese schrittweise zu vertiefen. Ich kenne niemanden, der es schafft, in einem realen Kundengespräch mit psychologischen Typologien zu arbeiten. Im Kundenkontakt verlangt unser Gegenüber unsere gesammelte Aufmerksamkeit. Wir müssen genau beobachten, Emotionen wahrnehmen, sie spiegeln und uns selbst einbringen. Wer kann da auf einer zweiten Ebene noch schnell analysieren, ob sein Gegenüber mehr »risikobereit« oder mehr »initiativ« ist und was das eine oder das andere jetzt für das eigene Verhalten bedeuten könnte?

Modelle sind kein Ersatz für Mut

Psychomodelle haben ihre Meriten, aber wir sollten aufhören, uns feige hinter ihnen zu verstecken. Es ist wichtiger, die eigene Komfortzone zu verlassen und auf das Gegenüber wirklich einzugehen, als alles analysieren zu wollen, was sich im zwischenmenschlichen Bereich abspielt. Auf besonders krasse Weise wurde mir das vor Kurzem in einem Meeting deutlich. Ein Diplom-Psychologe, den ich beruflich und menschlich überaus schätze, war gekommen, um unserem Kunden ein Persönlichkeitsmodell vorzustellen. Eine Dame, die in der zuständigen Abteilung des Kunden offensichtlich den Ton angab, hakte nach einiger Zeit geduldigen Zuhörens ein und sagte ganz direkt: »Mit Typologien habe ich so meine Probleme. Nach unseren Erfahrungen in der Vergangenheit möchte ich damit lieber nicht arbeiten.«

Von dem Psychologen hätte ich nun erwartet, dass er den Wunsch der Kundin respektiert, das Thema wechselt und irgendeine Alternative präsentiert. Stattdessen setzte er alles daran, sein Modell noch genauer zu erklären und gleichzeitig zu verteidigen. Die Führungskraft war offensichtlich Streit gewohnt und hielt massiv dagegen. In mir stieg

TIPP

Ziemlich beste Freunde

Die französische Filmkomödie »Ziemlich beste Freunde« war auch im deutschsprachigen Raum ein Riesenerfolg. Es geht darin um die ungewöhnliche Freundschaft zwischen einem gelähmten Pariser Millionär und seinem senegalesischen Pfleger mit krimineller Vergangenheit. Der Film zeigt, dass die intensivsten zwischenmenschlichen Beziehungen oft jene sind, bei denen sich die Beteiligten am Anfang nicht unbedingt sympathisch waren und zunächst ihre Komfortzone verlassen mussten, um aufeinander zuzugehen. Im Business können Sie daraus lernen, sich nicht nur denjenigen Kunden zuzuwenden, die Sie auf Anhieb mögen, sondern auch jenen, mit denen Sie zunächst Schwierigkeiten haben. Gerade das kann sich lohnen.

Mein Tipp: Wählen Sie jeden Monat einen Menschen aus, zu dem Sie vier Wochen lang den Kontakt intensivieren möchten. Das kann ein Mitarbeiter, ein Kollege im Führungskreis, ein Kunde oder ein Bekannter sein. Nehmen Sie nach Möglichkeit nicht nur diejenigen, die Ihnen sympathisch sind. Verstärken Sie nun mit Anrufen, Mails, Gesprächen, Einladungen usw. den Kontakt. So haben Sie jedes Jahr zu zwölf Menschen die Beziehung vertieft.

eine solche Wut auf, dass ich dem Psychologen am liebsten meinen Kugelschreiber in den Oberschenkel gerammt hätte. Der Mann hatte alle Psychomodelle dieser Welt im Kopf, war aber unfähig, in dieser Situation auf das Bedürfnis der Kundin einzugehen und ihren Wunsch zu akzeptieren.

Kundenbeziehungen mutig gestalten heißt auch, loslassen zu können und eigene Vorstellungen zurückzustellen, wenn sie nicht gut ankommen oder es dem Kunden zu viel wird. Gerade in Branchen, die ohnehin sehr »kopflastig« sind und wo zudem hoher Konkurrenzdruck herrscht – etwa Wirtschaftsprüfung, Steuerberatung oder Versicherungen –, kommen Mitarbeiter mit zu viel Theorie selten weiter. Hier besteht die Chance gerade darin, emotionaler zu werden und näher an die Kunden heranzurücken. Manchmal genügt schon ein handgeschriebener Brief statt einer E-Mail im Anschluss an ein Treffen, um

eine Beziehung zu vertiefen. Und sollte Ihnen einmal gar nichts einfallen, wissen Sie jetzt ja, was immer funktioniert: Seien Sie peinlich!

Ihre zweite Mutprobe

MUTPROBE

Laden Sie einen Menschen, den Sie nicht besonders mögen, zum
Essen ein. Nach dem Essen haben Sie die Möglichkeit, diese Mutprobe in drei Schwierigkeitsgraden zu bestehen:

Stufe 1: Sie haben eingeladen, also bezahlen Sie auch.

Stufe 2: Sie tun so, als hätten Sie Ihr Portemonnaie vergessen.
Also scheint die andere Person bezahlen zu müssen. Nach ein,
zwei Minuten lösen Sie die Peinlichkeit auf, indem Sie Ihre Geld-
börse »zufällig« doch noch finden.

Stufe 3: Sie lassen Ihr Portemonnaie zuhause. Die andere Person
muss dann tatsächlich bezahlen.

PS. Bei Stufe 3 steht es Ihnen selbstverständlich frei, mit einer
weiteren Einladung zum Essen den »Schaden« wieder gutzu-
machen. Sollte sich Ihre Beziehung zu der Person vertieft haben,
werden Sie das sogar gerne tun.

DRITTE MUTPROBE

Beherzt führen

Warum sollten inkompetente Blender entlassen werden? Weshalb ist Narzissmus auf Führungsetagen so gefährlich? Was hat ein Flugzeugträger mit Ihren Mitarbeitern zu tun? Warum sollten Unternehmer ihre persönliche Geschichte aufschreiben? Wann kann es mutig sein, Theater zu spielen? Erwarten Sie Antworten. Und machen Sie sich bereit für die dritte Mutprobe.

Über inkompetente Führungskräfte rege ich mich schon lange nicht mehr auf. Ich arbeite auch nicht mit Negativbeispielen, weil ich finde, dass sich aus positiven Geschichten viel besser und angenehmer lernen lässt. In den folgenden Zeilen mache ich eine Ausnahme. Ich erzähle Ihnen von einem Manager, den ich so feige und widerlich fand, dass ich mich heute noch über ihn aufregen könnte. Sie sind also gewarnt und können selbst entscheiden, ob Sie weiterlesen oder die nächsten Absätze lieber überspringen möchten. Der Mann, an den ich gerade denke, war Vertriebsleiter bei einem mittelständischen Zulieferer in Süddeutschland. Konservative Unternehmenskultur, reines B2B-Geschäft, kein Kontakt zu Endverbrauchern. Das Business war hart, was man an den Zahlen ablesen konnte: Es gab beeindruckende Umsätze, aber minimale Erträge. Das deutete

> **Wann Führungskräfte entlassen gehören**

auf ein Preisproblem hin. Dieses Problem nahm immer bedrohlichere Ausmaße an und begann, die Substanz des Unternehmens aufzuzehren.

Wie so oft im deutschen Mittelstand gab es in der Firma richtig gute Leute. Dazu zählte beispielsweise der Personalchef. Er besaß Weitblick und tat das, was eine Führungskraft in dieser Situation tun sollte: das Problem klar benennen und Maßnahmen ergreifen. Eine der Maßnahmen hätte sein können, den Vertrieb so zu schulen, dass er höhere Preise durchsetzt, ohne Kunden zu verjagen. Selbstverständlich musste der Vertriebsleiter damit einverstanden sein. Und da fing das Elend an. Anders als seine Kollegen wirkte er in keiner Weise beunruhigt über die Ertragslage seiner Firma. Er schien das Problem entweder komplett zu ignorieren oder es aussitzen zu wollen. Jedenfalls hatte ich nicht den Eindruck, dass ihn die herannahende Krise emotional irgendwo berührte. Umso mehr schien er auf seinen Status und seine persönliche Wirkung bedacht.

Es begann damit, dass dieser Vertriebschef einen Konferenzraum niemals allein betrat. Er hatte immer ein kleines Gefolge aus Mitarbeitern dabei, das seine Wichtigkeit unterstreichen sollte. Gleichzeitig ersparte er sich damit eine zu direkte Konfrontation mit seinen Gesprächspartnern. Besprechungen begann er gerne mit ausgiebigem Smalltalk über die Schönheit der umliegenden Landschaft oder auch über seine exquisiten Hobbys. Sobald es zur Sache ging, überspielte er seine mangelnde Gesprächsvorbereitung mit jovial klingenden Sätzen wie »Dann erzählen Sie doch mal!«. Er ließ gerne die anderen reden, stellte zwischendurch niemals Fragen und machte sich auch keine Notizen.

Sobald sein Gesprächspartner fertig war, zerpflückte der Vertriebschef dann genüsslich dessen Argumentation. Er erklärte weitschweifig, warum alle gemachten Vorschläge aus seiner Sicht nichts taugten, und geizte nicht mit Beispielen von Leuten, die etwas Ähnliches auch schon versucht und nichts zustande gebracht hätten. Wenn es darum ging, Vorschläge von anderen zu kritisieren, machte es ihm sichtlich Spaß, sich selbst reden zu hören. Sobald weitere Ideen gefragt waren, erteilte er dann wieder den anderen das Wort. In solchen Schleifen ging es immer weiter, mit dem Ergebnis, dass es nie Ergebnisse gab. Das schien den Vertriebsleiter jedoch gar nicht zu stören. Er wirkte jedes Mal mit seinem Auftritt zufrieden und von sich selbst beeindruckt.

Lassen Sie mich deutlich werden: Solche »Führungskräfte« sollten entlassen werden. Und zwar sofort. Doch warum war das in diesem Fall – der nach meiner Erfahrung leider kein Einzelfall ist – nicht längst geschehen? Ich sprach mit dem Geschäftsführer der Firma. Er konnte den Vertriebsleiter nicht leiden, hatte aber Angst vor dem großen Knall und ließ die Dinge laufen. Alle in der Firma schüttelten den Kopf, aber niemand unternahm etwas. Wie war das möglich?

Weg vom Narzissmus, hin zur Ehrlichkeit

Blender und Narzissten sind vom mutigen Handeln im Business mindestens so weit entfernt wie die Ängstlichen und die Bequemen. Das Problem: Sie spielen ihre Rolle perfekt. Wo man anderen ihre Angst oder ihr Zögern deutlich anmerkt, sind die mutlosen Schaumschläger in ihrem Element. Hinzu kommt: Wer Angst hat oder sich nicht aus seiner Komfortzone traut, ist meistens offen für Hilfestellung und Coaching, denn er leidet im Grunde selbst unter seinem mangelnden Mut. Die Blender verspüren dagegen überhaupt keinen Leidensdruck, sondern genießen es, sich selbst als großartige Führungskraft zu inszenieren. Sie sind in der Regel rhetorisch ausgesprochen begabt, haben eine schnelle Auffassungsgabe und können perfekt improvisieren.

> Wenn Blender ihre Umgebung eingelullt haben

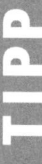

Mitarbeitergespräche: Nicht lästige, sondern angenehme Pflicht

Ich kenne Führungskräfte, für die sind Mitarbeitergespräche so, als würden sie ihr Auto zur Inspektion bringen: erforderlich, aber nichts, was allzu oft nötig sein sollte. Emotionen? Eher keine. Mit einer solchen Einstellung sollte meiner Meinung nach niemand Personalverantwortung übernehmen. Mutige Führung bedeutet, so viel wie möglich miteinander zu reden und dabei der Realität ins Auge zu sehen. Weil davon alle Seiten profitieren, macht es auch Freude und schafft Offenheit.

Mein Tipp: Reservieren Sie als Vorgesetzter jede Woche eine halbe Stunde Gesprächszeit für jeden Ihrer (wichtigsten) Mitarbeiter. Von diesen 30 Minuten gehören zehn Minuten dem Mitarbeiter. Weitere zehn Minuten haben Sie Zeit, um Dinge aus Ihrer Perspektive darzustellen. Bleiben zehn Minuten für das, was sich spontan ergibt. Probieren Sie es einmal aus!

Dieser Vertriebsleiter, der mich heute noch aufregt, brachte seine Kollegen und Geschäftspartner während eines Meetings zwar zur Weißglut, doch schaffte es niemand, ihm wirklich etwas entgegenzusetzen. Selbst der Geschäftsführer scheiterte daran, seinem Untergebenen die Inkompetenz hinter der Fassade zu beweisen. Die Psychologie beschreibt narzisstische Persönlichkeiten als gekennzeichnet durch einen Mangel an Einfühlungsvermögen sowie Überempfindlichkeit gegenüber Kritik, was sie mit einer großartigen Fassade zu kompensieren versuchen. Ihr eklatanter Mangel an Empathie lässt sie in bestimmten Situationen sogar mutig erscheinen, obwohl sie in Wirklichkeit bloß gefühlskalt und skrupellos sind.

Nach meiner Erfahrung haben Unternehmen, in denen es schlecht läuft, häufig Mitarbeiter, die ängstlich agieren und in ihrer Komfortzone bleiben – und dabei gleichzeitig Führungskräfte, die auf narzisstische Weise den großartigen Manager spielen. Sie alle vereint ein übersteigertes Sicherheitsbedürfnis. Die einen besitzen es, weil sie Veränderungen fürchten, und die anderen, weil sie nicht als das entlarvt werden wollen, was sie sind: Blender, die eine Rolle spielen. Vielleicht hatten sie in der Vergangenheit ja ihre Verdienste, aber inzwischen schaden sie dem Unternehmen mehr, als sie ihm nützen. Mutlose Mitarbeiter brauchen Hilfe und Unterstützung. Den Blendern in den Führungsriegen ist leider selten zu helfen, da sie eine völlig verzerrte Selbstwahrnehmung haben. Mutige Unternehmer und Geschäftsführer trennen sich von solchen Personen.

> *»Lüge und Unaufrichtigkeit kennzeichnen den Furchtsamen;*
> *Treue und Aufrichtigkeit sind die Begleiter des Mutes.«*
> WALTHER RATHENAU

Das Gegenteil von Narzissmus und damit die wichtigste Grundlage für beherzte Führung ist Ehrlichkeit. Ehrlichkeit und Mut gehören nach meiner festen Überzeugung untrennbar zusammen. Ehrlichkeit beginnt mit der Ehrlichkeit sich selbst gegenüber. Jeder Mensch hat Stärken, aber auch Schattenseiten und Grenzen. Wer über sich selbst nicht nachdenkt und nur gelernt hat, Rollen einzunehmen, sollte nicht Führungskraft sein wollen. Gerne zeige ich Managern eine Szene aus dem amerikanischen Spielfilm *Glengarry Glen Ross*: Eine Truppe erfolgloser Immobilienverkäufer bekommt Besuch aus der Zentrale von Topmanager Blake (großartig gespielt von Alec Baldwin), der die Verkäufer als »Versager« beschimpft und mit seinem hohen Einkommen prahlt.

Die Filmszene ist eine düstere Stunde der Wahrheit – irritierend, aber auch faszinierend. Nach diesem Video sagen immer einige Führungskräfte: »Ja, genau so muss man das machen! So sollten wir den Schnarchnasen in unserer Firma auch mal die Meinung sagen.« Die meisten anderen scheinen innerlich mit sich zu ringen: Sollen wir das jetzt gut finden oder kritisieren? Was will Herr Verweyen uns damit sagen? Viele bewerten die Filmszene moralisch oder fragen sich, ob eine Führungskraft, wie sie Alec Baldwin hier spielt, sich »richtig« verhält. Aber das ist nicht der Punkt. Entscheidend ist die ehrliche Konfrontation mit der Realität, egal, welche Figur jemand dabei macht oder welche seiner Schattenseiten er gleichzeitig offenbart. Es geht darum, Probleme zu benennen und auf den Tisch zu legen. Und es geht schließlich auch darum, eine Meinung zu vertreten und diese klar zu kommunizieren. Alles das ist Führung. Und alles andere ist Blendwerk.

Düstere Stunde der Wahrheit

Starke Bilder und authentische Geschichten

So kann Führung kreativ und spannend sein

Hören Sie auf, Ihre Mitarbeiter zu langweilen. Mutige Führung braucht starke Bilder und ehrliche, glaubwürdige Geschichten. Nicht Zahlen, Daten und Fakten, sondern Bilder und Geschichten setzen Teams in Bewegung. Ich erinnere mich an ein Strategiemeeting in einem Unternehmen, als wäre es gestern gewesen. Das Meeting ist mir so deutlich in Erinnerung geblieben, weil es mit starken Bildern verbunden war. Genauer gesagt waren es zwei Bilder, die alles ausdrückten, worum es an diesem Tag ging. Das erste Bild zeigte ein Containerschiff. Es war auf dem offenen Meer mit voller Kraft unterwegs und dabei aus einem Hubschrauber fotografiert worden.

Es gibt eine ganze Reihe von Unternehmen, die so sind wie ein solches Containerschiff. Man sieht auf den ersten Blick eine Menge Masse, die mit viel Power in Bewegung gehalten wird. Die Führungskräfte sind vor lauter Containern zunächst unsichtbar. Und doch gibt es sie: Irgendwo auf dem riesigen Schiff erkennt man bei näherem Hinsehen eine Kommandobrücke. Das ist der Arbeitsplatz des Kapitäns und seiner Offiziere. Der Kapitän schaut von der Brücke über alle die Container hinweg in Richtung Horizont. Alles scheint in Ordnung, das Schiff ist ja voll beladen und fährt. Irgendwann wird das Containerschiff den nächsten Hafen erreichen. Dort werden diese Container gegen neue Container ausgetauscht. Die nächste Fracht.

Irgendwo auf der Brücke liegt vielleicht zufällig ein Wirtschaftsmagazin. Darin wird darüber berichtet, dass die Koreaner nicht mehr nur Containerschiffe bauen, sondern sie auch gleich selbst fahren lassen. Es gibt also Konkurrenz und es droht Gefahr. Möglicherweise wird man in Zukunft immer weniger Container transportieren können. Bis das Schiff für die noch übrigen Aufträge zu groß geworden ist und sich nicht mehr rentiert. Diese Gefahr ist da, aber sie bleibt abstrakt. Der Kapitän sieht sie nicht, weder auf dem Radarschirm noch durch die Fenster. Er sieht nur die vielen Container auf seinem Schiff und dahinter den weiten Horizont. Alles ist wie immer.

Welches Bild beschreibt Ihr Unternehmen: Ein Containerschiff ...

Zurück in das Strategiemeeting. Die Teilnehmer ließen das Bild auf sich wirken. Beeindruckend, ein solches gigantisches Containerschiff. Aber auch etwas behäbig. Und Container hin und her zu fahren, das ist immer das Gleiche. Ein eingespielter Prozess. Wo die Container heute herkommen und wo sie in Zukunft herkommen sollen, muss man nicht unbedingt verstehen. Noch stehen sie ja in jedem Hafen bereit. Aber was, wenn sich das ändert? Es ist kein schöner Gedanke, sich vorzustellen, wie solch ein riesiges Containerschiff plötzlich leer bleiben und nutzlos werden könnte. Leider hat der Kapitän den Sinn und Zweck des Ganzen nicht in der Hand. Er hat lediglich gelernt, ein Schiff zu steuern.

Jetzt kam das zweite Bild ins Spiel. Es war ein amerikanischer Flugzeugträger, der mit einer irrsinnigen Wasserverdrängung genau auf

... oder ein Flugzeugträger?

den Bildbetrachter zufuhr. Im ersten Moment wirkte dieses Bild erschreckend, ja provozierend. Schon der militärische Aspekt ließ einige negativ reagieren. Ich bin Pazifist und finde das Bild trotzdem stark. Der entscheidende Unterschied zwischen dem Containerschiff und dem Flugzeugträger besteht auch gar nicht im zivilen oder militärischen Einsatz. Der entscheidende Unterschied ist vielmehr dieser: Der Flugzeugträger hat eine *Mission*. Ein Flugzeugträger befördert nicht nur irgendetwas hin und her, sondern seine Mannschaft hat einen Auftrag zu erfüllen, der in einem größeren Zusammenhang steht.

Weil der Flugzeugträger eine Mission hat, haben der Kapitän und die Offiziere auf der Kommandobrücke ihre Augen und Ohren weit offen. Anders als der Kapitän des Containerschiffs sehen sie nicht bloß Fracht und Horizont, sie sehen alles, was an Deck geschieht. Sie sehen jeden einzelnen Menschen, der sich dort aufhält. Sie besitzen riesige Antennen oberhalb ihrer Brücke, mit denen sie von überall her Signale empfangen und auswerten. Und sie setzen nicht zuletzt ihre Flugzeuge regelmäßig zu Aufklärungsmissionen ein, um die gesamte Umgebung zu erkunden. Einem Flugzeugträger kann nicht irgendwann dadurch der Zweck verloren gehen, dass im Hafen keine Container mehr warten. Wenn sich die Welt verändert, dann ändert sich einfach auch seine Mission.

Mit solchen starken, auch irritierenden und kontroversen Bildern zu arbeiten, bedeutet für mich mutige Führung. So ist Führung emotional, kreativ und niemals langweilig. Wenn sich dann irgendwann viele Bilder aneinanderreihen, entsteht eine Geschichte. Doch Vorsicht: Geschichten frei zu erfinden und in die Welt zu setzen, kostet keinen Mut. Mutige Führung bedeutet, bei der Wahrheit zu bleiben und authentische Geschichten so zu erzählen, dass sie motivierend wirken. Das konnte beispielsweise der große Visionär Steve Jobs. Seine Rede vor Absolventen der Stanford University aus dem Sommer 2005 kann heute bereits als legendär angesehen werden. Jobs sprach über Dinge, die ihn persönlich geprägt hatten, und darüber, wie sich für ihn alles zu einem stimmigen Bild zusammenfügte.

> *»Aufrichtigkeit ist höchstwahrscheinlich die verwegenste Form der Tapferkeit.«* WILLIAM SOMERSET MAUGHAM

Einmal habe ich sogar erlebt, wie die Erbin einer Luxusgüterkette einzig und allein für ihre Mitarbeiter ein Buch schrieb. In 18 Kapiteln schilderte sie die Geschichte ihrer Firma, jeweils verknüpft mit eigenen Familienerinnerungen und ganz persönlichen Erlebnissen. So etwas muss sich eine Unternehmerin erst einmal trauen. Und wenn sie dann, wie in diesem Fall, auch noch den Mut besitzt, der bloßen Selbstbeweihräucherung zu widerstehen, und sich ehrlich, authentisch und direkt mitteilt, dann kann ich nur den Hut ziehen. Es sind die wirklichen Führungskräfte, die nicht jeden Halbsatz erst mit dem Pressesprecher durchkauen, sondern Ecken und Kanten zeigen und eine klare Meinung vertreten.

Nur für die eigenen Mitarbeiter ein Buch schreiben

Solchen Führungskräften ist nichts peinlich. Sie stellen sich in den Wind und lassen sich nicht nur von der Öffentlichkeit, sondern auch von ihren eigenen Mitarbeitern kritisieren. Klatsch und Tratsch hinter ihrem Rücken schütteln sie ab wie lästige Insekten. Diese Menschen haben kein erhöhtes Sicherheitsbedürfnis, sondern lehnen sich mit Absicht so weit aus dem Fenster, dass sie gerade noch das Gleichgewicht halten können. Der Unternehmerin war es deshalb auch nicht genug, die Geschichte ihrer Firma aufzuschreiben. Wie eine richtige Schriftstellerin machte sie eine Lesereise durch die Filialen, um mit den Mitarbeitern ins Gespräch zu kommen.

Das Buch war letztlich vor allem ein Anlass, die Kommunikation zwischen Inhaberin und Mitarbeitern zu intensivieren. Diese Unternehmerin wusste: Wer als Führungskraft mit seinen Mitarbeitern intensiver kommunizieren will, der muss selbst den ersten Schritt machen. Wer möchte, dass andere sich öffnen, der muss mutig vorangehen und sich zunächst selbst mitteilen. So etwas lässt sich nicht von der Kommandobrücke eines Containerschiffs erreichen. Es erfordert, dort präsent zu sein, wo die Musik spielt. Es gilt, Kunden und Mitarbeiter persönlich aufzusuchen und dort für ein paar Stunden oder Tage mitzumischen, »wo der Gummi die Straße berührt«, wie die Amerikaner sagen. So erfüllt eine Führungskraft ihre Mission.

Vorhang auf für kreative Führung

Mitarbeiter völlig überraschen

Die rund hundert Mitarbeiter eines Verpackungsherstellers wunderten sich, warum ein großer Vorhang den Saal durchtrennte. Hatte ihre Firma etwa kein Geld mehr, für ein Sales-Meeting den kompletten Veranstaltungsraum zu mieten? Plötzlich erschallte eine Lautsprecherstimme aus dem Off: »Achtung, Achtung! Bitte Ruhe! Unsere Übertragung beginnt in wenigen Sekunden.« Ratlose Blicke, verstummende Gespräche. Dann wieder die Lautsprecherstimme: »Achtung, wir sind gleich auf Sendung! Fünf-vierdrei-zwei-eins-null.« In diesem Moment öffnete sich der Vorhang. Die verwunderten Mitarbeiter sahen auf dem Podium ein realistisch nachgebautes Fernsehstudio mit den typischen Möbeln einer Talkshow.

Gerade noch erkannten die Mitarbeiter ihren Chef als »Gast« dieser Talkshow, da begann der »Moderator« – ein professioneller Schauspieler – bereits mit seiner Moderation:

> *»Herr Müller, ich begrüße Sie herzlich zu unserer neuen Sendereihe*
> *›Deutschlands erfolgreichste Mittelständler‹. Ihr Unternehmen ist*
> *gerade Weltmarktführer in seiner Branche geworden. Berichten Sie*
> *uns doch einmal, wie Sie diese großartige Leistung geschafft haben.«*

Der Chef, den ich hier einmal Herrn Müller nenne, hatte seinen Text ebenfalls wie ein Schauspieler auswendig gelernt und antwortete auf diese Frage wie ein richtiger Talkshowgast. Der große Unterschied zu einer Talkshow bestand darin, dass seine Botschaften nicht für die Öffentlichkeit, sondern für die anwesenden Mitarbeiter bestimmt waren. So sagte er beispielsweise:

> *»Wir haben ein Spitzenteam, in dem jeder Einzelne seinen Beitrag*
> *geleistet hat. Das sind wirklich Leute, die die Extrameile gehen.«*

Wann sonst hatte der Chef Gelegenheit, seinen Mitarbeitern so viel Lob zu spenden. In der »Talkshow« konnte er es. Wenn Sie die Inszenierung richtig verstehen wollen, dann müssen Sie jetzt noch wissen, dass dieses Unternehmen zwar erfolgreich, aber bei Weitem noch nicht Weltmarktführer war. Die Talkshow spielte also ein fernes Ziel durch, als sei es bereits erreicht. Dadurch wurde für alle erlebbar, wie es sich anfühlt, dieses Ziel erreicht zu haben. Im »Rückblick« auf die Erfolgsfaktoren konnte der Unternehmer zudem vermitteln, was er in der Gegenwart von seinen Mitarbeitern erwartete. So sagte der Chef beispielsweise Sätze wie diese:

> *»Wir arbeiten in den letzten Jahren mit unseren Kunden mehr*
> *auf Augenhöhe. Wir hören ihnen besser zu und erfahren,*
> *was sie wirklich wollen. Das setzen wir dann schneller um als*
> *andere Marktteilnehmer. Und wir haben gelernt, für das,*

*was wir besser machen, auch den entsprechenden Preis zu
fordern.«*

Üblicherweise würden Führungskräfte diese Punkte auf Powerpoint-
Folien vermitteln. Punkt 1: Mehr Augenhöhe. Punkt 2: Besser zuhören. Punkt 3: Schneller umsetzen. Punkt 4: Höhere Preise fordern. Das
ist langweilig und emotionslos. Wenn der Chef Pech hat, haben die
Mitarbeiter diese Folien am nächsten Tag schon wieder vergessen. An
eine »Talkshow« wie die hier beschriebene werden sich die Teilnehmer dagegen nach Jahren noch erinnern. Die Inhalte sind in diesem
Fall emotional »verankert« worden und wirken deshalb unvergleichlich stärker. Das ist zugegebenermaßen ein Griff in die Trickkiste. Doch
wer miterlebt hat, wie viel Spaß alle Beteiligten an diesem Tag hatten,
wird sich deswegen keine großen Sorgen machen.

TIPP

Neun Thesen für mutige Führung

1. Führung kommuniziert unendlich viel

Führungskräfte müssen reden, reden, reden – es kann nie genug
sein. Wer es nicht durch ständige Kommunikation schafft, die Bilder
in den Köpfen der Mitarbeiter mit den Unternehmenszielen in Ein-
klang zu bringen, wird immer die »falschen« Ergebnisse bekommen. Feige Führungskräfte halten Mitarbeitergespräche für Zeitver-
schwendung. Mutige Führungskräfte führen mit jedem Mitarbeiter
wöchentlich mindestens ein Gespräch.

2. Führung muss kreativ sein

Wer seine Mitarbeiter langweilt, hat kein Recht, ihr Vorgesetzter zu
sein. Führungskräfte müssen, so oft es geht, den Hammer wechseln
und für Überraschungen sorgen. Mitarbeiter brauchen Impulse,
starke Bilder, neue Erfahrungen. Feige Führungskräfte sind stolz auf
effiziente Prozesse. Mutige Führungskräfte fragen sich immer, mit
welchen neuen Dingen sie kommen können.

3. Führungskräfte vertreten eine Meinung

Wer nur Moderator sein will, nichts bewertet und alle im Unklaren
lässt, der führt nicht, sondern verwirrt seine Mannschaft. Die besten

Führungskräfte vertreten Meinungen, zeigen Profil, haben Ecken und Kanten. Feige Führungskräfte sind starrsinnig und behalten ihre Meinung am liebsten für sich. Mutige Führungskräfte machen klare Ansagen, lassen sich aber auch umstimmen und korrigieren sich dann öffentlich.

4. Führen heißt klares Feedback geben

Moderne Märchenerzähler behaupten, alle Mitarbeiter wären am liebsten »Unternehmer im Unternehmen«, würden durch Lob abhängig gemacht und durch Kritik demotiviert. In Wirklichkeit wünschen sich die meisten Mitarbeiter Vorgesetzte, die ihnen klar sagen, wo sie stehen. Feige Führungskräfte suchen intellektuelle Begründungen, um ihre Leute im Stich zu lassen. Mutige Führungskräfte geben ständiges Feedback und loben gute Leistungen jederzeit.

5. Führungskräften ist nichts peinlich

Wer führen will, muss präsentieren, auf Podien stehen, vor Kameras erscheinen, Meinungen vertreten, Tratsch aushalten, Kündigungen aussprechen – da darf die Komfortzone nicht zu groß sein. Feige Führungskräfte achten auf Etikette und wollen keine Fehler machen. Mutige Führungskräfte tun besonders gern, was anderen peinlich wäre.

6. Führen heißt Vorbild sein

Alles, was Führungskräfte von anderen erwarten, sollten sie auch selbst tun oder zumindest ausprobieren. Mutige Führungskräfte setzen sich in Callcenter und stellen sich hinter Verkaufstheken – nicht als PR-Gag, sondern anonym. Sie rufen Kunden an und bitten sie um ihre Meinung. Feige Führungskräfte rufen die Feuerwehr. Mutige Führungskräfte gehen selbst dorthin, wo es brennt.

7. Führungskräfte wahren Distanz

Keine Führungskraft kann gleichzeitig für sämtliche Mitarbeiter der beste Freund sein. Wer führen will, muss den Mut haben, Distanz zu schaffen, und die innere Stärke, diese Distanz über längere Zeit auszuhalten. Feige Führungskräfte suchen überall menschliche Nähe. Mutige Führungskräfte sprechen ihre Mitarbeiter mit »Sie« an, weil es das Betriebsklima deutlich verbessert. ▶

8. Führen heißt auf Probleme zugehen

Wer mutig führt, spricht nicht beschönigend von »Herausforderungen«, wenn er Schwierigkeiten meint, sondern erkennt die Probleme, benennt sie und geht auf sie zu, um Lösungen anzustoßen. Ein handfestes Problem ist immer ein guter Anfang für positive Veränderungen. Feige Führungskräfte glauben, bereits das Wort »Problem« bringe Unglück. Mutige Führungskräfte lieben Probleme.

9. Führungskräfte lieben ihre Firma

Wirkliche Führungskräfte identifizieren sich mit ihrem Unternehmen und sprechen begeistert über ihre Mitarbeiter. Ein Manager sagt: »Ich bin CEO.« Eine echte Führungskraft sagt: »Ich arbeite bei …« – und dann kommt voller Stolz der Firmenname. Feige Führungskräfte wollen möglichst viel verdienen und hoffen täglich auf den Anruf eines Headhunters. Mutige Führungskräfte sagen wie Steve Ballmer: »I love this company.«

Das »Zukunftsinterview« bei dem Verpackungshersteller – so sieht kreative, spannende und emotionale Führung aus. Vor allem war es mutige Führung. Der Chef hat es sich lange überlegt und wollte erst nicht mitspielen. Natürlich war es ein Risiko: Wie würde dieses »Theater« bei den Mitarbeitern ankommen? Wie peinlich wäre es, wenn sich der Chef vor versammelter Mannschaft verhaspelt oder seinen Text vergisst? Zum Glück besann sich Herr Müller schließlich darauf, dass einer Führungskraft nichts peinlich sein darf. Die Mitarbeiter waren begeistert und feierten ihren Chef am Ende der »Talkshow« mit Riesenapplaus. In den folgenden Wochen zeigte sich, dass die motivierende Botschaft angekommen war.

Sie mögen in Frieden ruhen …

Starke und mutige Bilder sowie kreative Überraschungseffekte machen die Würze im Führungsalltag aus. Wie weit Sie hierbei gehen wollen, bleibt natürlich Ihrem persönlichen Geschmack überlassen. Das peinlichste und irritierendste Bild, an das ich mich erinnern kann, begegnete mir bei einer mittelständischen IT-Firma. Der Firmensitz war ein Neubau, in dessen Mitte sich ein begrünter

Mutige Führungskräfte setzen nervenden Mitbewerbern und inkompetenten Managern dieses Denkmal.

Innenhof befand. Auch mein eigenes Büro ist von einer Dachterrasse mit schönen Gewächsen umgeben. Interessiert schaute ich mir deshalb während der Besprechungspausen aus dem Fenster das Grün in dem Innenhof an. Da fiel mir mitten im Hof ein eigenartiges Objekt auf. Es sah aus wie ein Denkmal. Ich fragte meinen Gesprächspartner, was es mit diesem Denkmal auf sich hätte. Er grinste nur und sagte: »Kommen Sie mit, ich zeige es Ihnen.«

Als ich in dem Innenhof stand, staunte ich nicht schlecht. Das Denkmal war nämlich ein Grabstein. Oben standen die berühmten Buchstaben »R.I.P.« für »Rest in Peace« – ruhe in Frieden. Und darunter stand – ich konnte es erst kaum glauben – der Name des Hauptwettbewerbers dieser IT-Firma. Also, das war jetzt wirklich frech! Aber auch mutig. Der Führungskraft, die eine solche Idee hat, ist anscheinend überhaupt nichts peinlich. Die Humorebene der Mitarbeiter – hauptsächlich Programmierer, die in teilweise schrägen Outfits durch die Gänge liefen – schien das jedenfalls getroffen zu haben.

Wenn Sie in Ihrer Firma keinen Grabstein aufstellen wollen – mein persönlicher Geschmack wäre es auch nicht –, dann können Sie zumindest in Gedanken einen Grabstein errichten. Graben Sie den Blendern, Narzissten und Schauspielern unter den Führungskräften ein Grab. Errichten Sie einen Grabstein für Lüge, Halbherzigkeit und Heuchelei. Begraben Sie trockene und langweilige Führungsinstrumente. Beerdigen Sie beschwichtigende und beschönigende Worthülsen. Und wenn Ihr Friedhof fertig ist, dann fragen Sie sich: Was könnte meine nächste Mutprobe als Führungskraft sein?

MUTPROBE

Ihre dritte Mutprobe

Halten Sie in aller Öffentlichkeit eine Rede. So wie in der »Speakers' Corner« im Londoner Hyde Park. Suchen Sie sich dazu den passenden Park. Oder, wenn Sie noch mutiger sind, einen Platz in einer Einkaufsstraße. Es darf gerne auch der Marienplatz in München sein … Stellen Sie sich auf eine umgedrehte Bierkiste und reden Sie mindestens fünf bis zehn Minuten. Das Thema dürfen Sie sich aussuchen (außer bei Schwierigkeitsstufe 3, siehe unten). Bloß über Ihre Firma sollten Sie nicht sprechen. Wählen Sie am besten ein Thema, das viele Menschen interessieren könnte. Warum nicht zum Beispiel eine Rede über Mut? Auch diese Mutprobe können Sie wieder in drei Schwierigkeitsgraden bestehen:

Stufe 1: Sie halten die Rede in normaler Lautstärke. Gerne dürfen Sie eine Person Ihres Vertrauens mitnehmen, die Ihnen Mut zuspricht.

Stufe 2: Sie nehmen statt der Vertrauensperson ein Megafon mit. So hören die Leute Ihre Rede noch besser. (Falls deshalb die Polizei kommt: Erzählen Sie den Beamten, dass es eine Mutprobe ist. Und lächeln Sie.)

Stufe 3: Stellen Sie sich an den Rand einer Demonstration und nehmen Sie in Ihrer Rede die Gegenposition zur Meinung der Demonstranten ein. (Falls die Polizei kommt: Seien Sie froh. Die Beamten möchten Sie beschützen …)

VIERTE MUTPROBE

Miteinander weiterkommen

Wozu sollten mittelmäßige Teams nach Barcelona schauen?
Wann leistet Ihr Team mehr als die Summe der Einzelbeiträge?
Was setzt in der Zusammenarbeit positive Energie frei?
Weshalb sind gemeinsame Ziele so selten? Aus wie vielen
Sätzen bestehen die besten Fragen? Erwarten Sie Antworten.
Und machen Sie sich bereit für die vierte Mutprobe.

Im strömenden Regen von Danzig war es eines dieser irren Fußballspiele. Ich saß in München vor dem Fernseher und dachte: Mein lieber Mann, diese Spanier! Wer die zum Gegner hat, muss sich wirklich etwas einfallen lassen. Die Iren hatten an diesem Sommerabend zu wenige Ideen. »Tiki-Taka besiegt Kick and Rush«, schrieb die *Frankfurter Allgemeine* am Tag nach dem Spiel. Spanien hatte Irland bei der Euro 2012 mit 4:0 nach Hause geschickt. Doch Moment mal: »Tiki-Taka«? Wenn Sie sich für Fußball interessieren, kennen Sie es wahrscheinlich. Und wenn Sie sich für Teams interessieren, lohnt es sich, Tiki-Taka einmal genauer anzusehen. Ich zeige Teams in Unternehmen gerne Videos vom spanischen Tiki-Taka-Spiel der vergangenen Jahre. Für mich ist Tiki-Taka der Inbegriff mutigen Teamplays. Wenn Sie dieses Kapitel gelesen haben, werden Sie verstehen, was ich damit meine.

**Viele Spieler,
präzise Pässe,
hohes Tempo**

shutterstock.com/Andresr

Wer ist am Ball? Tiki-Taka lässt ihn blitzschnell unter den Spielern zirkulieren.

Tiki-Taka bedeutet im Fußball, durch schnelles, offensives Passspiel über viele Stationen den Ball in den eigenen Reihen regelrecht zirkulieren zu lassen. Durch diesen ausgeprägten Ballbesitz und das blitzschnelle Hin und Her im Spielaufbau ist die gegnerische Defensive gezwungen, große Räume abzudecken. Bevor die Spanier, insbesondere der FC Barcelona, um das Jahr 2005 erstmals Tiki-Taka spielten, galt das englisch geprägte »Kick and Rush« als probates Erfolgsrezept im Fußball. Es bedeutet, ohne großartigen Spielaufbau den Ball weit nach vorne zu schlagen, wo er dann – hoffentlich – bei einem eigenen Offensivspieler ankommt und schnell verwertet werden kann.

Ein Team, das Tiki-Taka spielen will, muss enorme technische Fähigkeiten besitzen und diesen Spielstil extrem häufig trainieren. Die flachen Pässe müssen absolut sauber gespielt werden, was meisterhafte Ballbeherrschung voraussetzt. Weil sich der Ball im Fußball nie zu 100 Prozent kontrollieren lässt, steigt damit immer auch das Risiko des Ballverlusts an den Gegner. Tiki-Taka ist deshalb nicht nur das für die Zuschauer unterhaltsamste, sondern auch das mutigste Spiel. Die Spieler müssen all ihr Können aufbieten, perfekt zusammenspielen und aufs Ganze gehen. Nur ein absolutes Spitzenteam bekommt das überhaupt hin. Mittelmäßige Mannschaften werden lieber ein defensives Bollwerk errichten, den Gegner dagegen anrennen lassen und auf eine Gelegenheit zum Konter warten. Keine Frage, so lassen sich Spiele gewinnen. Doch die Herzen der Zuschauer erobert damit kaum eine Mannschaft.

Teams in Unternehmen kommen mir leider manchmal vor wie Mannschaften, die sich eher dem mutlosen, defensiven Stil verschrieben haben. Die Talente sind da, werden aber selten voll gefordert. Viele fühlen sich wohl auf ihrer Position und warten erst einmal ab, was geschieht. Ist die Gelegenheit günstig, soll eine schnelle Aktion den möglichst großen Erfolg bringen. In der Verantwortung sind vor allem diejenigen, die »weit vorne stehen«: der Vertriebschef, der Kundendienst oder die Verkäufer. In »Tiki-Taka-Teams« hingegen wollen alle miteinander weiterkommen. Jeder will sich mit seinen besten Talenten optimal einbringen, um gemeinsam mit den anderen herausragende Ergebnisse zu erzielen. Solche Teams hätten viele Führungskräfte gerne. Doch die wenigsten haben sie. Es erfordert Mut, sich dorthin auf den Weg zu machen. Aber auch dieser Mut zahlt sich aus.

Ein gutes Team ist als Team gut

Die Anreizsysteme in Unternehmen sind bis heute noch oft darauf ausgerichtet, Einzelleistungen zu bewerten und zu honorieren. In dem Spielfilm *Glengarry Glen Ross*, von dem bereits die Rede war, bekommt der beste Verkäufer am Ende einen Cadillac und der schlechteste wird gefeuert. Doch wirkt sich solch ein Anreiz positiv auf die Leistung des gesamten Teams aus? Selbstverständlich möchte jeder für sich den Cadillac haben und keiner will entlassen werden.

Gemeinsame Zielbilder, bitte!

Wenn Sie über den Cadillac schmunzeln, dann überlegen Sie doch einmal, ob in modernen Unternehmen die »Cadillacs« nicht einfach nur subtiler sind. Da geht es dann um mehr Einfluss, interessantere Projekte, größere Kunden. Alles auf der Basis einer individuellen Leistung, die Führungskräfte bei ihren Mitarbeitern regelmäßig bewerten müssen.

Immer noch stellen sich zu wenige Führungskräfte konsequent die Frage, wie gut ihr Team wirklich *als Team* ist. Diese Frage ist die entscheidende. Wenn Teams gemeinsam nicht mehr erreichen als jeder für sich allein, dann sind Teams überflüssig und können genauso gut aufgelöst werden. Dann genügt es, wenn jeder sich verpflichtet, die anderen in der Firma nicht bei ihrer Arbeit zu behindern. Wenn die Zusammenarbeit keine positive Energie freisetzt, sondern Einzelnen am Ende noch Energie raubt, dann ist es besser, jeder hält sich selbst so gut es geht in der Balance. Und wenn ein Team nicht weiß, was Spitzenleistungen sind, wenn es keine Vorbilder und keine Benchmarks gibt, dann trägt besser jeder nur das bei, wozu er gerade Lust hat.

Nach meiner Erfahrung scheitern Teams auf dem Weg zum Tiki-Taka-Team häufig schon an einer gemeinsamen Zielformulierung. Viel zu oft setzen Führungskräfte voraus, dass es ein gemeinsames Ziel gibt und jeder im Team das auch verinnerlicht hat. In Wirklichkeit ist kaum etwas so selten wie ein gemeinsames Ziel. Menschen können zwar nach außen leicht den Anschein erwecken, an einem Strang zu ziehen. Doch die Zielvorstellungen in den Köpfen müssen deshalb noch lange nicht kongruent sein. Nehmen wir ein einfaches Beispiel. Eine Abteilung besucht gemeinsam einen Russischkurs. Was ist das gemeinsame Ziel? Ist es Russischlernen? Nein, das ist das, was gerade geschieht. Ist es Russischkönnen? Auch nicht, denn das ist die gemeinsame Erwartung.

Ein gemeinsames Ziel für ein Team gibt immer eine Antwort auf die Frage: *Wozu?* Absicht und Erwartung jedes Einzelnen ergeben in der Summe noch kein gemeinsames Ziel. In der Abteilung, die Russisch lernt, kann jeder ein anderes Ziel damit verknüpfen, Russisch zu können. Der eine möchte vielleicht auf der Krim Urlaub machen, der Zweite für die Firma ein Jahr nach Moskau gehen und der Dritte durch das Lernen dem vorzeitigen Alterungsprozess kurz vor der Pensionierung vorbeugen. Ein gemeinsames Ziel wird daraus erst, wenn alle sich einig sind, einen bestimmten Meilenstein miteinander zu erreichen. Also etwa, einen Test zu bestehen. Oder als Team russische Kunden zu gewinnen. Bei einem *gemeinsamen Ziel* sieht sich jeder selbst in einem Zielbild, in dem auch die anderen vorkommen.

> *»Alles, was wir für uns selbst tun, tun wir auch für andere,*
> *und alles, was wir für andere tun, tun wir auch für uns selbst.«*
> THICH NHAT HANH

Wer als Führungskraft mit dem Team ein gemeinsames Ziel formuliert, kann das entsprechende Zielbild immer wieder einsetzen. Es gilt, zum Beispiel ein Umsatzziel, ein Markteroberungsziel oder ein Produkteinführungsziel in konkrete Zielbilder zu übersetzen. Alle wissen: *Das* wollen wir *gemeinsam* erreichen. Sagen Sie jetzt bitte nicht, das sei trivial. Stellen Sie Ihr Team lieber einmal auf die Probe, wie gut es spontan in der Lage ist, ein gemeinsames Ziel zu erreichen. Ich selbst habe in der Vergangenheit regelmäßig Teams daraufhin getestet und dabei auch größeren Aufwand nicht gescheut. So ließ ich etwa zu Seminaren von einer Spedition etliche Umzugskisten voller Holzteile anliefern. Die Holzteile ergaben zusammengebaut eine Brücke mit über drei Metern Spannweite, die wir eigens zu diesem Zweck entworfen hatten.

Gemeinsam eine Brücke bauen? Gar nicht so einfach …

Das Team kam morgens in den Seminarraum und fand überall auf dem Boden verteilt diese Holzteile vor. Ich erklärte kurz, was die Aufgabe war: So schnell wie möglich gemeinsam aus den Teilen eine Brücke bauen. Damit es nicht zu einfach würde, durfte jeder nur eine Hand benutzen. Die wurde in einen Arbeitshandschuh gesteckt. Wer Foul spielte, also zum Beispiel kurz die andere Hand einsetzte, sah die rote Karte und musste das Team verlassen. Zwei Leute wurden als Beobachter eingeteilt und sollten am Ende den anderen von ihren Wahrnehmungen berichten. Ich sagte dann noch, dass es eine Gruppe von McKinsey mal in 20 Minuten geschafft hätte, die Brücke aufzubauen. Das war die Benchmark. Und jetzt los – die Uhr lief!

Frühestens nach einer dreiviertel Stunde stand ein Team vor der fertigen Brücke. Oder ein Team gab nach einer guten Stunde auf, das kam auch vor. Wenn die leicht erschöpften Mitarbeiter eine Videoaufzeichnung ihres Brückenbaus sahen und dazu noch das Feedback der beiden Beobachter bekamen, fielen immer wieder dieselben Szenen ins Auge: Da wird viel gequasselt, bis endlich jemand das erste Bauteil in die Hand nimmt. Eine Strategie gibt es nach dem langen Reden trotzdem nicht. Dafür haben sich informelle Führer in Pose geworfen. Sie machen Zeichnungen am Flipchart und erklären weitschweifig ihren Plan. Und immer wieder verhalten sich einige absichtlich destruktiv und kontraproduktiv.

Am Schluss hatte jede Gruppe noch einmal 20 Minuten, um die Brücke ordentlich wieder abzubauen. Hatte McKinsey wirklich in derselben Zeit den Aufbau geschafft? Nein, ich habe geblufft und gebe das jetzt zu. Die 20 Minuten des McKinsey-Teams sind frei erfunden. Teams aus hochkarätigen Unternehmensberatungen benötigen für die Aufgabe im Schnitt genauso lange wie alle anderen auch. Sie lernen dabei auch dasselbe: Etwas gemeinsam zu schaffen ist etwas ganz anderes, als für sich allein ein High Performer zu sein. Es müssen alle gemeinsam und als Team weiterkommen wollen. Und sie müssen dazu ein Bild des gemeinsamen Ziels in ihren Köpfen verankern. Bei diesem Spiel war es eine Holzbrücke. Was ist es in der Unternehmensrealität?

Wer hat Mut und ist bereit zum großen Ziel?

Big Picture statt Klein-Klein

Ich liebe große Bilder. In einem Flur meiner Firma habe ich einmal auf XXL-Format vergrößerte Fotos von mir und meinem Team aufgehängt. Eine Besucherin fragte mich daraufhin irritiert, ob ich im Wahlkampf sei. Die großen Fotos waren ihr buchstäblich zu plakativ. Große Bilder müssen nicht unbedingt an der Wand hängen, es können auch mentale Bilder sein. Sie sind das »Big Picture«, das große Ganze, und damit überhaupt erst das vollständige Ziel-

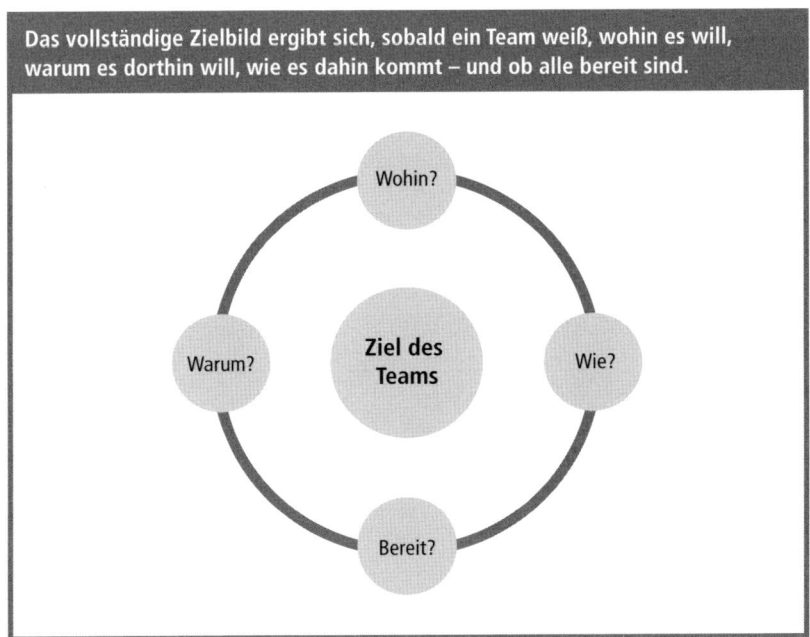

Das vollständige Zielbild ergibt sich, sobald ein Team weiß, wohin es will, warum es dorthin will, wie es dahin kommt – und ob alle bereit sind.

Wohin?

Ziel des
Teams

Warum?

Wie?

Bereit?

bild. Da so viele Teams an kongruenten Zielbildern in den Köpfen aller Teammitglieder scheitern, lohnt es sich für Führungskräfte, Zeit und Mühe in die Entwicklung des »Big Picture« zu investieren. Wie stellt man das am besten an?

Wenn Sie sich ein beliebiges Ziel als Mittelpunkt eines Zielbilds vorstellen, dann helfen stets dieselben vier Fragen, das vollständige Bild zu entwickeln. Die erste Frage lautet: *Wohin?* In welche Richtung soll es gehen und was konkret möchten wir am Ende erreicht haben? Die zweite Frage heißt: *Warum?* Warum wollen wir als Team dieses Ziel erreichen? Was haben wir alle miteinander – und nicht nur der Chef oder einige wenige unter uns – davon? Dann folgt als dritte Frage: *Wie?* Sie zielt auf den möglichen Weg zum Ziel. Schließlich lautet die vierte Frage: *Sind alle bereit?* Diese vierte Frage kann nicht das Team als Gruppe, sondern nur jedes einzelne Teammitglied für sich beantworten.

Bei der Frage, *wohin* ein Team will, bin ich ein Freund mutiger, messbarer, betriebswirtschaftlicher Größen. Ich weiß, dass einige Führungskräfte das heute geradezu altmodisch oder zumindest weniger wichtig finden. Sie sagen, es komme auf allgemeines Wohlbefinden und Win-win-Situationen an. Alles nicht falsch. Trotzdem gehört entschieden mehr Mut dazu, sich hinzustellen und zu sagen: »Im Jahr 2020 wollen wir X Millionen Umsatz erzielen.« Oder: »... 100 Mitarbeiter beschäftigen.« Oder: »... 35 Prozent Umsatzrentabilität erreicht haben.« Solche Festlegungen sind nicht altmodisch, sondern einfach konkret und eine klare Ansage an alle im Team.

Beobachten Sie doch einmal, was passiert, wenn ein Vorgesetzter solche ambitionierten Vorgaben formuliert und die Latte richtig hoch hängt. Egal, ob es der Bereichsleiter gegenüber dem Abteilungsleiter, der Abteilungsleiter gegenüber dem Teamleiter oder der Teamleiter gegenüber der gesamten Gruppe ist: Oft geht ein Raunen durch die Reihen. Der Ruhepuls steigt. Einige stöhnen oder flüstern dem Sitznachbarn eine Bemerkung zu. Alle wissen: Jetzt ist Mut gefragt. Wenn wir uns darauf verpflichten, müssen wir uns anstrengen. Manche Führungskräfte wollen genau das ihren Mitarbeitern ersparen. Sie sagen: Die Leute wissen doch sowieso, dass solche Vorgaben unrealistisch sind. Ich bin da ganz anderer Meinung. Wenn Teams scheitern, dann liegt es nicht an klaren und anspruchsvollen Vorgaben.

Das *Wohin* ist also eine relativ unkritische Frage. Wenn Teams sich einig sind, dass sie gemeinsam weiterkommen wollen, sollte auch klar sein, dass es besser ist, einen großen Schritt weiterzukommen als einen kleinen. Führungskräfte, die eine *Mission* haben – erinnern Sie sich an den Flugzeugträger? – wissen, was ihr Team dem Unternehmen und sämtlichen Stakeholdern schuldet. Nicht Mittelmaß, sondern das Beste. Deshalb finden mutige Führungskräfte auch Antworten auf die Frage nach dem *Wie*. Nicht als basisdemokratischer Prozess, aber doch als offener Dialog im Team. Dieser Dialog setzt voraus, dass sich einzelne Teammitglieder zunächst selbst Gedanken über Wege und Lösungen machen.

> »*Wer wagt, selbst zu denken, der wird auch selber handeln.*«
> BETTINA VON ARNIM

Einmal war ich zu Besuch im Vorstandsbüro eines IT-Unternehmens. An der Wand hing ein Bild mit folgendem Zitat in riesengroßen Buchstaben: »Wenn du nicht Teil der Lösung bist, dann bist du Teil des Problems.« Diesen Ausspruch machte der amerikanische Schriftsteller Eldridge Cleaver 1968 bekannt. Ich finde es mutig, wenn eine Führungskraft ihren Mitarbeitern bei jedem Besuch einen solchen Satz vor Augen hält. Dieser Vorgesetzte möchte nicht über Probleme, sondern über Lösungen diskutieren. Er erwartet, dass jemand nicht nur hereinkommt, um sein Problem abzuladen. Sondern sich mindestens ein bis zwei Lösungsmöglichkeiten überlegt hat. Zu diesen Möglichkeiten kann der Vorgesetzte aufgrund seiner Erfahrung dann gerne etwas sagen.

Führungskräfte können nicht die Probleme des Teams lösen

Auf dem Weg zu einem gemeinsamen Ziel setzt ein Team typischerweise auf vielen Ebenen gleichzeitig an. Sie kennen das: Mal ist eine neue Website nötig, mal eine modernere Software oder eine komplett neue IT-Architektur. Manchmal sind neue Arbeitsweisen, Prozesse und Strukturen erforderlich. Sie müssen erarbeitet und anschließend umgesetzt werden. Bei ganz großen Zielen kann es sogar nötig sein, dass das Team ein neues Selbstverständnis entwickelt. So werden beispielsweise Projektmanager zu Account-Managern, die jetzt der Kundenbeziehung mehr Aufmerksamkeit widmen als technischen Fragen.

Bei allen diesen Themen gilt für mich ganz klar: Mit Blinden können Sie nicht über Farbe diskutieren. Mutige Führungskräfte trauen sich auch in demokratischen Zeiten, dort zunächst einmal Vorgaben zu machen, wo sie aufgrund ihrer Kompetenz die Zusammenhänge am besten erkennen. Wichtig ist dabei jedoch immer, für bessere Ideen offen zu bleiben. Führungskräfte sind weder allwissend noch unfehlbar.

Nach meiner Erfahrung ist die am wenigsten beachtete Frage auf dem Weg zum großen Ziel die nach dem *Warum*. Gleichzeitig ist es die entscheidende. »*Wer ein Warum im Leben kennt, erträgt fast jedes Wie*«, meinte der Philosoph Nietzsche. In gewisser Weise hat er recht. Es sind unsere tieferen, emotional gefärbten Beweggründe, die darüber entscheiden, ob wir uns bei unserer Aufgabe fühlen wie auf einer »Mission« oder »Dienst nach Vorschrift« machen. Wenn ich als Chef ein ambitioniertes Umsatzziel definiere, werden sich meine Mitarbeiter ganz automatisch fragen: Warum soll ich da mitmachen? Damit der Chef sich seine Taschen füllen kann? Das wäre ein schwaches Warum. Niemand will bloß Erfüllungsgehilfe für den Reichtum anderer sein.

TIPP

Richard St. Johns acht Geheimnisse des Erfolgs

Den TED-Fans unter meinen Lesern empfehle ich, sich einmal den Vortrag »8 Secrets of Success« von Richard St. John unter www.ted.com anzuschauen. Er dauert dreieinhalb Minuten und entstand vor ein paar Jahren in einer TED-Reihe von Vorträgen, für die die Redner maximal sechs Minuten Zeit hatten. Das erste Geheimnis verrate ich Ihnen hier. Es lautet: *Leidenschaft.* »Do it for love. Not money.« Es gibt kein besseres *Warum* für ein anspruchsvolles Ziel, als mit voller Leidenschaft bei der Sache zu sein. Richard St. John ergänzt: »The interesting thing is: If you do it for love, the money comes anyway.«

Viele Angestellte sorgen sich heute um ihren Arbeitsplatz. Doch der bloße Arbeitsplatzerhalt ist eine sehr rationale Überlegung. Im Alltag setzt dieser Gedanke keine positive Energie frei. Wie wäre es, stattdessen an den Mut zu appellieren: »Traut ihr euch, noch einmal richtig einen draufzusetzen und zu beweisen, wie gut wir als Team sind? Habt ihr Lust auf einen anderen Anspruch? Reizt es euch, in einer anderen Liga zu spielen, einfach besser zu sein als bloßes Mittelmaß?« Jetzt kommen Emotionen ins Spiel! Sich mutig etwas Besonderes vorzunehmen, einmal an einem größeren Rad zu drehen, die Benchmark der eigenen Branche werden, andere staunen lassen, selbst bestimmen, was *state of the art* ist – so sieht ein *Warum* aus, das Kräfte entfesselt.

Sind auch alle bereit dazu? Ehrliche Aussagen über das Warum erfordern Mut. Die Bereitschaft der Teammitglieder zum Ziel erkennt eine Führungskraft nur in Einzelgesprächen. Kaum jemand würde vor der gesamten Mannschaft zugeben, dass ihm ein bestimmtes Ziel zu ehrgeizig ist oder er sich überfordert fühlt. Führungskräfte brauchen auch hier Mut, mit jedem einzelnen Teammitglied in einen persönlichen und offenen Dialog zu treten. Empathie ist gefragt, um herauszufinden, was in jedem Menschen wirklich vorgeht. Das Ziel solcher Gespräche kann es nicht sein, den Gesprächspartner zu überreden oder gar *brainwashing* zu betreiben. Es muss jedem Teammitglied möglich sein, Bedenken zu äußern oder zum großen Ziel sogar Nein zu sagen. In diesem Fall muss eine individuelle Lösung her. Und eine mutige Entscheidung, die unter Umständen auch bedeuten kann, sich einvernehmlich voneinander zu trennen.

Angstbefreite Mitarbeiter trauen sich immer mehr zu

Möchten Sie als Führungskraft ein Team, in dem möglichst alle Ja sagen, wenn Sie fragen, ob jeder bereit ist für ein großes Ziel? Dann brauchen Sie mutige, angstbefreite Mitarbeiter. Und wie bekommen Sie die? Ganz bestimmt nicht, indem Sie Ihre Mannschaft zu Bungee-Jumping vom Hochhaus oder River-Rafting im Wildwasser zwingen, wie Sie im nächsten Kapitel noch genauer lesen werden. Der viel bessere erste Schritt zum Team aus angstbefreiten Mitarbeitern ist absolut ehrliches, gegenseitiges Feedback. So etwas lässt sich in der Gruppe inszenieren. Je mehr Offenheit hier entsteht und je unverblümter die Rückmeldungen ausfallen, desto mehr Mut ist von den Teilnehmern verlangt.

Eine schöne Mutprobe ist hier der Heiße Stuhl. Der Psychologe Fritz Perls hat diese Methode bereits in den 1940er-Jahren entwickelt. In den folgenden Jahrzehnten wurde sie immer wieder variiert und machte dann vor allem im Anti-Konflikt-Training Furore. Am Schluss wurden sogar Talkshows im Fernsehen nach diesem Muster konzipiert. Allen Varianten gemeinsam ist, dass jeweils ein Gruppenmitglied im Fokus steht – »auf dem Heißen Stuhl sitzt« – und die anderen diese Person spiegeln oder ihr Feedback geben. Bei den konfrontativen Varianten der Methode wird die Person im Fokus

Mutprobe Heißer Stuhl

**Ganz so heiß wie hier wird es auf dem Heißen Stuhl nicht.
Aber fast ...**

bewusst hart angegangen und muss lernen, die aufkommende Wut zu beherrschen.

Stellen Sie sich jetzt bitte Folgendes vor: Ein Moderator baut für Sie und Ihr Team einen Stuhlkreis auf. Einer der Stühle in dem Kreis sollte auffallen, beispielsweise durch eine höhere Lehne, Armlehnen oder eine andere Farbe. Das ist der Heiße Stuhl. In jeder Runde wird jedes Gruppenmitglied einmal auf ihm Platz nehmen. Alle verpflichten sich vorher zu absoluter Ehrlichkeit. Sobald der oder die erste Mutige auf dem Heißen Stuhl sitzt, greifen die übrigen Teilnehmer zu Stift und Papier. Jeder schreibt drei bis fünf *positive* Eigenschaften auf, die er bei diesem Teammitglied wahrnimmt. Wichtig: Bitte in Druckbuchstaben schreiben, damit die Handschrift später nicht identifiziert werden kann.

Jetzt werden die Zettel gefaltet und kommen alle in eine »Lostrommel«, zu der beispielsweise ein Papierkorb umfunktioniert wird. Jeder in der Runde zieht einen Feedbackzettel und liest ihn der Person auf dem Heißen Stuhl laut vor. So bekommt diese Person ehrliches Feedback aus der Gruppe, weiß aber nicht, von wem die einzelnen Bewertungen stammen. Sobald sämtliche Statements vorgelesen wurden, ist der Nächste dran und es geht wie beschrieben weiter. Am Schluss dieser Runde haben alle viel aufbauendes Feedback bekommen. Das löst eine Menge positive Emotionen aus und macht innerlich stark.

Diese Stärke wird für die zweite Runde auch gebraucht. Sie ahnen es: Jetzt wird das Ganze noch einmal mit *negativen* Feedbacks durchgespielt. Sobald eine Person auf dem Heißen Stuhl sitzt, notieren die übrigen Teilnehmer auf andersfarbigen Zetteln drei bis fünf kritische Punkte, die sie an dem anderen Teammitglied wahrnehmen. Damit es nicht in die falsche Richtung geht, stellt der Moderator am besten Leitfragen. Beispiele: Was vermissen Sie bei dieser Person? Welche Eigenschaften oder Verhaltensweisen stören Sie an der Person? Wo denken Sie, dass diese Person ihre Potenziale noch nicht ausreichend entwickelt hat?

Keine Frage, diese zweite Runde ist die eigentliche Mutprobe. Da kommt so mancher auf dem Heißen Stuhl buchstäblich ins Schwitzen. In Teams, bei denen ich diese Übung moderiert habe, waren am Schluss immer alle fix und fertig. Als Moderator habe ich dann noch jedem Teammitglied die gesammelten Zettel mit den positiven und negativen Beurteilungen überreicht – verbunden mit der Bitte: Machen Sie was daraus! Immer wieder habe ich Wochen später selbst als Feedback aus den Teams gehört, selten habe eine Übung so viel gebracht. Für viele Teams ist sie ein Durchbruch. Danach ist nichts mehr so, wie es vorher war. Ein neues Klima der Ehrlichkeit ist entstanden. Wie Sie bereits wissen, hängen Ehrlichkeit und Mut für mich untrennbar miteinander zusammen.

Hat ein Team den Durchbruch zu Ehrlichkeit und Mut geschafft, verändert sich Schritt für Schritt der alltägliche Umgang miteinander. So wie bei einem regionalen Energieversorger mit rund 500 Mitarbeitern, den ich vor einiger Zeit kennengelernt habe. Wie es sich auch schon in anderen Unternehmen beobachten lässt, gibt es hier bei-

»Stehung« statt Sitzung – und klare, direkte Ansagen

spielsweise keine Sitzungen mehr, zu denen sich die Teammitglieder bei Kaffee und Keksen stundenlang niederlassen. Aus den Sitzungen sind vielmehr »Stehungen« an Stehtischen geworden – ohne Kaffeeschlürfen, ohne Mampfen und vor allem ohne rhetorische Nebelkerzen.

Schaffen Sie es in einem Satz?

Einmal habe ich den Geschäftsführer einer Firma für Dokumenten-Management kennengelernt, der von seinen Teammitgliedern verlangte, Fragen grundsätzlich in einem einzigen Satz zu formulieren. Das fand ich mutig. Denn wer kennt das nicht: Leute kommen an und sagen, sie hätten eine Frage. Und dann folgt ein weitschweifiges Statement mit einem irgendwo weit hinten angehängten Fragezeichen. Oder auch ohne. Wer wirklich »nur« eine Frage hat, der schafft es auch in einem Satz. Wetten?

Mutige Teams, die den Durchbruch zur Ehrlichkeit geschafft haben, erkennt man daran, dass Floskeln wie »Bitte nicht falsch verstehen« oder »Jetzt mal ganz unter uns« oder »Ich will ja niemandem zu nahe treten, aber …« ausgestorben sind. Es ist immer hohe Wertschätzung im Raum. Vertrauen ist selbstverständlich. Deshalb sagt jeder direkt seine Meinung und erhält unmittelbar Feedback. Bei dem Energieversorger dauern die »Stehungen« maximal 60 Minuten, meistens sind sie wesentlich kürzer. Es sind kreative Meetings, bei denen es ohne Umwege zur Sache geht. Selbst über so wichtige Fragen wie mögliche Kooperationen mit anderen Unternehmen entscheidet das Managementteam abschließend in diesem Zeitrahmen. Das setzt voraus, dass jeder Einzelne perfekt vorbereitet ist. In High-Performance-Teams stimmt eben beides: die Leistung jedes Einzelnen und das offene und vertrauensvolle Miteinander.

Bye-bye Superstars – willkommen im Team!

Bei meinem Lieblingsitaliener im Süden von München gab es bis vor Kurzem einen Kellner, den die Gäste liebten. Er war so etwas wie der Star des Restaurants, begrüßte Stammgäste schon beim Hereinkommen überschwänglich und verbreitete an den Tischen stets gute Laune. Von einem Tag auf den nächsten hat der Besitzer ihn rausgeworfen. In den ersten Wochen danach kam es einem so vor, als habe das Lokal seine Seele verloren. Die Stammgäste waren enttäuscht und einige blieben ganz weg. Doch dann konnte ich im Restaurant erste Veränderungen beobachten. Es gab schicke neue Tische und Stühle und neue Tischtücher. Plötzlich wurde das gesamte Lokal liebevoller dekoriert. Und vor allem kamen jetzt auch diejenigen Kellner lächelnd auf die Gäste zu, die früher nur mürrisch hinter der Theke gestanden hatten. Nach ein paar Monaten waren die Atmosphäre und der Service besser als je zuvor.

Wenn der Kellner Chef spielt ...

Den »Superstar« im Team zu entlassen kostet irrsinnig viel Mut. Doch es kann ein Befreiungsschlag sein. Und der ist immer öfter nötig, denn die Zeiten der Superstars gehen zu Ende. In der heutigen Zeit ist Teamwork angesagt. Wer im Management schwärmt denn heute noch von einstigen »Stars« wie Jack Welch, Ron Sommer, Thomas Middelhoff oder Jürgen Schrempp? Wer trauert im Fußball ernsthaft einem David Beckham nach oder hat sonderlich viel Verständnis für die astronomischen Gehaltsvorstellungen eines Ashley Cole, den sie deswegen in England »Cashley« nennen? Überall zeigt sich: Wo jemand den Mut hat, auf egoistische Stars zu verzichten, können plötzlich alle Teammitglieder gemeinsam wachsen.

Bei meinem Lieblingsitaliener fuhr der Star-Kellner früher manchmal seine Kollegen an, sie sollten »seine« Gäste in Ruhe lassen. Heute ist man Gast bei einem super eingespielten Team. Oder: Im Vertrieb eines Mittelständlers wurden die beiden besten Verkäufer entlassen. Zunächst ein Schock, doch ab diesem Punkt wuchs das gesamte Team über sich hinaus. Deshalb ist »Tiki-Taka« für mich so ein schönes Bild für perfektes Teamwork – da muss jeder Spieler auf jeder Position mitmachen und sich voll einbringen. Es gibt keine Stürmer, die weit vorne darauf warten, von anderen bedient zu werden, um dann mit einem Tor zu glänzen. Dafür gibt es Abwehrspieler, die nach vorne gehen und sogar Tore machen dürfen, wenn es die Situation erlaubt. So kann ein Team gemeinsam wachsen, statt den ein oder zwei Stars in seinen Reihen huldigen zu müssen.

TIPP

Haben Sie ein High-Performance-Team?

Jedes Team ist anders – und doch gibt es Eigenschaften, die allen Spitzenteams gemeinsam sind. Nach meiner Erfahrung sind es die diese acht:

1. Alle sind sich einig

Die Teammitglieder haben gemeinsame Bilder im Kopf. Ziele sind stets gemeinsame Ziele des Teams.

2. Es gibt eine Konfliktkultur

Konflikte werden nicht unter den Teppich gekehrt, sondern geklärt. Aber so, dass nicht jeder alles sofort persönlich nimmt.

3. Das große Bild zählt

Die Teammitglieder verlieren sich nicht im täglichen Klein-Klein. Sie sehen stets das große Ganze und konzentrieren sich darauf.

4. Einzelne ergreifen die Initiative

Wenn es irgendwo schlecht läuft, gibt es immer Teammitglieder, die eingreifen. Sie sagen: »Moment mal! Das war nicht gut.«

5. Kommunikation kommt zum Punkt

Alle reden zur Sache und kommen direkt zum Punkt. Wenn nötig, in einem Satz. Sprachliche »Weichmacher« und Floskeln fehlen.

6. Alle akzeptieren einander

Die Mitglieder des Teams akzeptieren und respektieren einander in ihrer ganzen Verschiedenheit. Privat bleibt dabei privat.

7. Befindlichkeiten sind unter Kontrolle

Auf der Beziehungsebene angesiedelte Emotionen werden weder verdrängt noch rücksichtslos ausagiert, sondern beherrscht.

8. Meetings sind effektiv
Zeit zum Plaudern ist beim Grillen nach Feierabend. Meetings sind kurz, effektiv und führen zu Entscheidungen.

Und was ist, wenn Teams keine Lust haben, gemeinsam zu wachsen? Wenn es ihnen ganz recht ist, passiv zu bleiben und abzuwarten, was die Leittiere ihnen vorgeben? Einmal zumindest ist es mir gelungen, ein solches Team so richtig aufzuwecken. Natürlich mit einer Mutprobe. Und das kam so: Ich hatte die Aufgabe, ein Team von Frankfurter Bankern zu trainieren. Der erste Tag war katastrophal verlaufen. Verschränkte Arme, leere Blicke und Diskussionen über den Sinn des Ganzen. Völlig erschöpft lag ich abends auf dem Hotelbett und starrte auf den Fernsehbildschirm. Ich hatte keine Lust mehr und hätte das Training am liebsten abgebrochen. Aber das war auch keine Lösung. Denn dann hätte ich anstelle des Teams als der Verweigerer dagestanden.

Da lief im Fernsehen ein Bericht über die Aidshilfe und ich sah Leute mit Sammeldosen in einer Fußgängerzone. Sie verkauften gegen Spenden die bekannten roten Solidaritätsschleifen. Plötzlich dachte ich: Genau das lasse ich diese arroganten Banker morgen machen! Meine Müdigkeit war sofort verschwunden. Im Hotelzimmer bastelte ich Sammeldosen für alle. Am nächsten Morgen auf dem Weg zur Bank besorgte ich bei der Aidshilfe gegen eine entsprechende Spende für jedes Teammitglied fünf rote Schleifen.

In der Bank angekommen konfrontierte ich das Team sofort mit meiner Idee: Jeder stellt sich jetzt mit einer Sammeldose vor den Hauptbahnhof und verkauft diese fünf Schleifen jeweils so teuer wie möglich. Wer am Ende das meiste Geld zusammenhat, der hat gewonnen. Die Teammitglieder waren entsetzt. »Ist das mit der Führungsebene abgesprochen?«, fragte einer. »Muss ich das mitmachen?«, wollte ein anderer wissen. Ich machte klar, dass das jetzt mein Angebot war. Alternativ könnte ich auch gerne gehen. Mit mieser Laune schleppten sich die Banker schließlich zum Bahnhof und fingen an, Spenden zu sammeln.

> **Banker mit Mission im Frankfurter Bahnhofsviertel**

Und dann geschah ein kleines Wunder. Die Mienen hellten sich mehr und mehr auf. Spätestens bei der zweiten oder dritten Schleife legten sich alle richtig ins Zeug, möglichst viel Geld einzusammeln. Am Schluss herrschte pure Begeisterung. Einige steckten sogar noch eigenes Geld in ihre Sammeldose, sodass ich der Aidshilfe am nächsten Tag einen schönen Betrag überweisen konnte. Wichtiger noch war: Das Team war wie ausgetauscht. Vielleicht hatten die Teammitglieder zum ersten Mal ein gemeinsames, lohnendes Ziel erreicht. Sie hatten nicht nur Mut bewiesen, sondern auch einen Durchbruch erzielt.

Vielleicht haben Sie ja jetzt selbst Lust auf diese Mutprobe bekommen? Dann mal los!

Ihre vierte Mutprobe

Besorgen oder basteln Sie sich eine Spendendose und sammeln Sie vor einem Bahnhof in einer Stadt Spenden für eine als gemeinnützig anerkannte Hilfsorganisation. Sprechen Sie Passanten aktiv an und versuchen Sie innerhalb von 30 Minuten so viel Geld wie möglich einzusammeln. Den Gesamtbetrag überweisen Sie anschließend an die von Ihnen ausgewählte Hilfsorganisation. Entweder auf den Cent genau – oder Sie runden noch großzügig auf. Diese Mutprobe können Sie wieder in drei Schwierigkeitsgraden bestehen:

Stufe 1: Sie sammeln das Geld ein und überweisen am Ende den gesammelten Betrag.

Stufe 2: Sie lassen sich bei der Aktion von einer Person Ihres Vertrauens mit dem Smartphone filmen und laden Ausschnitte bei YouTube hoch.

Stufe 3: Wie Stufe zwei, zusätzlich schicken Sie fünf Ihrer besten Kunden eine E-Mail mit einem Link zu dem YouTube-Video.

PS. Wenn es Spaß gemacht hat, dürfen Sie Ihre Spendensammlung gerne wiederholen. Menschen in Not werden es Ihnen danken.

FÜNFTE MUTPROBE

Aktiv motivieren

Wann ist Mallorca die beste Motivation? Warum ist es falsch, Mitarbeiter sich selbst zu überlassen und das »Eigenverantwortung« zu nennen? Welche sind die stärksten Motivatoren? Wie geben und erbitten Führungskräfte am besten Feedback? Warum bringt Jazz manchmal mehr als Klassik? Erwarten Sie Antworten. Und machen Sie sich bereit für die fünfte Mutprobe.

Mein Mitarbeiter war enttäuscht. Ich hatte ihm gerade ein Flugticket nach Mallorca und zurück überreicht. Dazu einen Voucher für eine Woche in einem tollen Hotel direkt am Meer. Alles inklusive. Abflug morgen Vormittag 10.15 Uhr am Flughafen München. Stornierung nicht mehr möglich. Der Mitarbeiter glotzte mich an, als wollte er fragen: *Muss das sein?* Tatsächlich sagte er, als er sich vom ersten Schreck erholt hatte: »Geld wäre mir lieber gewesen.«

> **Abflug morgen, 10.15 Uhr, Stornierung unmöglich**

Klar, dann hätte er eine Woche frei machen, zu Hause bleiben und das Geld aufs Sparkonto einzahlen können. Wie immer. Denn so fristete dieser Mann seit Jahren sein Singledasein. Er machte nie Urlaub und gönnte sich auch sonst nichts. Gerade deshalb war ich ja auf die Idee gekommen, ihm diesen Urlaub zu schenken. Und zwar so, dass es kein Zurück mehr gab. Entweder morgen ab nach Mallorca – oder das Ticket und der teure Hotelgutschein verfallen.

Der Mitarbeiter jammerte noch wegen der privaten Termine, die er sich für seine freie Woche vorgenommen hatte und jetzt absagen musste. Dann ging er seine Koffer packen, um am nächsten Morgen pünktlich am Flughafen zu sein. Als er nach einer Woche zurück ins Büro kam, erkannten ihn seine Kollegen kaum wieder. Das lag weniger an der gesunden Bräune als an der Art, wie dieser sonst eher introvertierte Mensch auf die Kollegen zustürmte, um ihnen von seinen Erlebnissen auf Mallorca zu berichten. Über das ganze Gesicht strahlend schwärmte er davon, wie toll es auf der Ferieninsel gewesen sei und wie viele Leute er kennengelernt hätte. Es war die beste Zeit gewesen, die er seit Langem erlebt hatte.

Wenn Sie selbst Führungskraft sind, dann dürfen Sie jetzt gerne folgende Frage beantworten: Was habe ich hier gegenüber dem Mitarbeiter falsch gemacht? Sie könnten dann zum Beispiel behaupten, dass ich den Fehler gemacht hätte, diesen Mitarbeiter motivieren zu wollen. Und das auch noch mit einem ganz billigen »Incentive« in Form einer Reise nach Mallorca. Unter Führungskräften, die mein Verhalten für falsch halten, sind bestimmt welche, die innerhalb der letzten 20 Jahre das Buch *Mythos Motivation* gelesen haben. Darin schreibt der Autor Reinhard K. Sprenger sinngemäß, es sei nicht nur zwecklos, sondern grundfalsch, Mitarbeiter aktiv motivieren zu wollen. Motivation sei nach den Erkenntnissen der Psychologie nicht von außen herstellbar. Führungskräfte könnten lediglich aufhören, Mitarbeiter zu demotivieren. Und das wiederum am besten, indem sie ihnen maximale Eigenverantwortung einräumten.

Nach der Lektüre des Buchs von Sprenger habe auch ich für längere Zeit aufgehört, Mitarbeiter zu motivieren. Heute glaube ich nicht mehr, dass Motivation ein »Mythos« ist. Sondern ich bin davon überzeugt, dass ein einziges Buch eine ganze Generation von Führungskräften verwirrt hat. Ich bin Betriebswirt, kein Psychologe, und will die wissenschaftlichen Theorien, die Sprenger zitiert, gar nicht infrage stellen. Meine Erkenntnis ist lediglich, dass es in der Praxis ganz anders läuft. Seit ich den Mut aufbringe, mich über einen Guru wie Sprenger hinwegzusetzen, geht es bei uns deutlich besser. Und die Mitarbeiter geben positives Feedback.

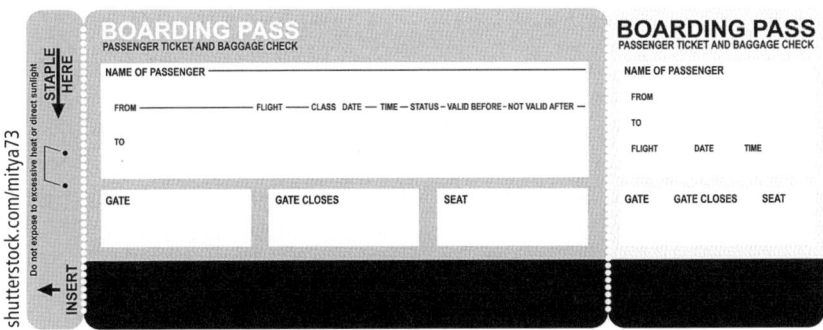

Wenn Sie mutig sind, dann tragen Sie hier ein, wo Ihr Mitarbeiter den nächsten Urlaub verbringt.

In der heutigen Zeit kostet es Mut, als Führungskraft Verantwortung für die Motivation des Teams zu übernehmen. Was im Sport selbstverständlich ist – die Fußballtrainer Klinsmann oder Klopp zum Beispiel werden als begnadete Motivatoren gefeiert –, scheint im Business verpönt zu sein. Doch mir zumindest sind vom Typ des jederzeit »intrinsisch motivierten« Mitarbeiters, der am liebsten »Unternehmer im Unternehmen« sein möchte, bisher kaum Exemplare untergekommen. Sehr viel mehr Menschen, die ich kenne – auch und gerade leistungswillige – wollen aktiv gefordert und unterstützt werden. Sie freuen sich über Anerkennung sowie kleine und große Geschenke. Und sie wünschen sich regelmäßiges Feedback.

Die Hauptmotivatoren – und die kleinen zwischendurch

Rund-Mail an alle: 16.00 Uhr dringendes und wichtiges Meeting. Bitte pünktlich erscheinen! Als meine Mitarbeiter mit teils erwartungsfrohen, teils sorgenvollen Mienen in den Konferenzraum kamen, fanden sie jede Menge leckere Sachen vor. Draußen auf der Dachterrasse rauchte

Freude, Entspannung und kleine Überraschungen

bereits der Holzkohlengrill. Im Winter hätten auch Kinokarten auf dem Tisch liegen können. Wichtiges Detail: Es ist offiziell noch Arbeitszeit. Gruppenzwang zur Bespaßung nach »Dienstschluss« finde ich sinnlos. In meiner Firma soll niemand zu Überstunden gezwungen sein, und ich möchte auch niemandem seine Freizeit stehlen. Wo permanent Überstunden gemacht werden, da stimmt etwas nicht. Und wenn Teammitglieder in der Freizeit nicht voneinander loskommen, dann ist das für mich auch ein schlechtes Zeichen.

Wenn es in einem Unternehmen gut läuft, dann ist auch während der Arbeitszeit genügend Raum für Freude, Entspannung und kleine Überraschungen. Nach meiner Erfahrung hält das die positive Energie im Team und motiviert ungemein. Einfach mittags einmal eine Riesenpizza für alle bestellen. Von Geschäftsreisen jedem eine Kleinigkeit mitbringen. Oder feiern, dass gerade einmal alle im Büro sind, wenn das selten vorkommt. Achtung: Keine Belohnung für Leistung! Sondern »Spaß an der Freude«, wie man im Rheinland sagt. Eine meiner Mitarbeiterinnen war kürzlich in Bremen und hat für uns alle Gummibärchen in Form der Bremer Stadtmusikanten mitgebracht. Eine kleine Geste nur. Und doch das Signal: Ich denke auch unterwegs an die anderen.

Wenn ich immer noch glauben würde, dass Motivation ein »Mythos« sei, dann müsste ich mir die gute Stimmung durch solche kleinen Motivatoren im Alltag lediglich einbilden. Tatsächlich erlebe ich sie immer wieder ganz real und freue mich darüber. Egal, was kluge Wissenschaftler schreiben, ich glaube einfach nicht daran, dass ich Mitarbeitern einen Gefallen tue, wenn ich sie sich selbst überlasse und mich nirgendwo einmische. Ebenso wenig glaube ich daran, dass kleine Motivatoren im Alltag wie eine Droge seien, ein süßes Gift, das Menschen gefügig und abhängig macht. Zumindest meine Mitarbeiter sind nicht so blöd, wegen einer kleinen Einladung zum Grillen am nächsten Tag alles mit sich machen zu lassen. Doch wir alle genießen die gute Stimmung, die dadurch entsteht, dass wir uns regelmäßig etwas Gutes tun, um uns zu motivieren.

Einmal habe ich erlebt, wie eine der vier weltgrößten Unternehmensberatungen sämtliche Mitarbeiter, inklusive Lebenspartner, in eine asiatische Metropole eingeflogen hat. Dort wurden dann Tausende Berater samt Anhang dreimal täglich an Schlemmerbüffets vorbeigetrieben und abends mit Showeinlagen bei Laune gehalten. Überreizt, übersättigt und mit Jetlag saßen sie anschließend wieder an ihren Schreibtischen und fragten sich: Wie werden die das im nächsten Jahr übertreffen? Solche Übertreibungen hat es in der Vergangenheit viele gegeben. Seit Beginn der Finanzkrise ist die Kirche wieder im Dorf. Wegen solcher Exzesse nun aber ganz auf aktive Motivation zu verzichten, wäre Unsinn.

> »Wir warten unser Leben lang auf den außergewöhnlichen
> Menschen, statt die gewöhnlichen um uns her in solche zu
> verwandeln.« HANS URS VON BALTHASAR

Einmal hat mich ein Kunde eingeladen, einen Vortrag zum Thema Motivation zu halten. Ich habe spontan zugesagt. Und mir danach die Frage gestellt: Was soll ich da überhaupt erzählen? So wichtig die kleinen Motivatoren im Alltag sind, so wenig machen sie die Hauptmotivation von Mitarbeitern aus. Mit dem üblichen nebligen Blabla über Wertschätzung und Vertrauen wollte ich auch nicht kommen. Ich mag es, wenn meine Zuhörer wach bleiben. Okay, sagte ich mir: Es gibt Motivatoren für das gesamte Team und für ein einzelnes Teammitglied. Und dann gibt es wiederum die ganz großen Motivatoren und die kleinen Dinge, die im Alltag einen positiven Schub bewirken. Das ist sozusagen die Klaviatur, auf der Führungskräfte beim Thema Motivation spielen können.

Doch was sind jetzt die Hauptmotivatoren? Weshalb kommen Menschen morgens gerne ins Büro oder in die Werkstatt oder steigen ins Auto, um zum Kunden zu fahren? Ich wälzte jede Menge Fachliteratur auf der Suche nach diesen Motivatoren. Schnell wurde mir klar, dass jeder Mensch sein eigenes Motivationssystem hat. Meine persönliche Erfahrung bestätigt diese These. Irgendwann hatte ich eine Liste von 14 Hauptmotivatoren zusammen (siehe folgende Tabelle). Das sind mit Sicherheit nicht alle, deshalb stelle ich mir die Liste nach unten offen vor. Für meinen Vortrag hielt ich 14 Motivatoren aber schon einmal für einen guten Ansatz. Die Fachliteratur legte ebenfalls nahe, dass jeder arbeitende Mensch seine drei bis fünf Hauptmotivatoren hat.

Motivatoren lassen sich danach unterscheiden, wie stark jeweils ein Einzelner oder das ganze Team motiviert wird.

Hauptmotivatoren

Kleine Alltagsmotivatoren

Motivatoren

Für das Team

Für das Individuum

Während meines Vortrags holte ich eine Person aus dem Publikum auf die Bühne. Sagen wir einmal, es war Herr Meier. Ich fragte das Publikum: »Wie können Sie Herrn Meier motivieren?« Als Antwort kam so ein Standardrepertoire: Geld, Titel, Privilegien, größeres Auto, mehr Urlaub, Angelkurs. Lauter langweilige Dinge. Mir fiel daran erstens auf, dass alle ausschließlich an persönliche Vorteile dachten. So schlug zum Beispiel niemand als Motivator anspruchsvollere Aufgaben, mehr Entscheidungskompetenz oder sonstige Karriereperspektiven vor. Zweitens fiel mir auf, dass niemand erst mal mit Herrn Meier sprechen wollte. Keiner glaubte, ihn näher kennen zu müssen, um sagen zu können, was ihn motivieren würde.

Motivation ist individuell – lernen Sie Ihre Mitarbeiter besser kennen!

In Wirklichkeit ist Motivation immer individuell. Denken Sie noch einmal an die Geschichte vom Mallorca-Urlaub, die ich Ihnen zu Beginn dieses Kapitels erzählt habe. Wenn ich gar nichts über das Privatleben dieses Mitarbeiters gewusst hätte, dann hätte ich auch nicht auf die Idee mit Mallorca kommen können. Nur weil ich wusste, dass er nie Urlaub macht, ahnte ich, dass ihm ein Urlaub guttun würde. Ich konnte es riskieren, ihm den Urlaub einfach zu schenken. Stellen Sie sich umgekehrt vor, Sie wollen den über-

Welche drei bis fünf dieser 14 Motivatoren treffen auf Sie bzw. Ihre Mitarbeiter am meisten zu? Finden Sie es heraus! Ergänzen Sie bei Bedarf weitere Motivatoren.

1	Aktiv und beschäftigt sein	An Tagen, an denen ich voll beschäftigt bin, ist meine Motivation hoch!
2	Alleine Verantwortung übernehmen	Wenn es voll und ganz auf mich ankommt, bin ich motiviert!
3	Auf Erfolge zurückblicken	Aus dem, was ich schon geschafft habe, schöpfe ich Motivation!
4	Ein angenehmes Umfeld haben	An einem schönen Ort und mit guten Materialien komme ich leichter zum Ziel!
5	Fortschritte sehen	Sobald ich sehe, dass es vorangeht, bin ich motiviert!
6	Gemeinsam arbeiten	Wenn wir es gemeinsam anpacken, bin ich motiviert!
7	Herausforderungen suchen	Wenn es besonders schwierig und herausfordernd wird, dann lege ich so richtig los!
8	In Wettbewerb treten	Es motiviert mich, besser als andere zu sein und meine bisherigen Leistungen zu übertreffen!
9	Lob und Anerkennung bekommen	Persönliches Lob und Wertschätzung motivieren mich!
10	Sich vorbereiten	Wenn ich mich gut vorbereite, steigt meine Motivation!
11	Überzeugungen leben	Wenn ich einen höheren Sinn in einer Sache sehe, bin ich motiviert!
12	Visionen und Träume haben	Wenn ich von der Zukunft träume, motiviert mich das!
13	Vorbilder haben	Wenn ich sehe, wie andere etwas gut hinkriegen, motiviert mich das!
14	Zuschauer haben	Zuschauer und Zuhörer motivieren mich!
15		
16		

Quelle: Harald Groß, Lernlust statt Paukfrust: Mit deinen Motivatoren leichter lernen in Schule, Studium und Beruf. Berlin 2011

zeugten Umweltschützer in Ihrem Team mit einem größeren Firmenwagen motivieren. Oder Sie wollen der alleinerziehenden Mutter kleiner Kinder ein Theater-Abo schenken. Das kann nicht funktionieren.

Wenn Sie motivieren wollen, sollten Sie die Motivationssysteme Ihrer Mitarbeiter kennen. In meinem Vortrag bat ich Herrn Meier, auf einem Fragebogen seine drei bis fünf wichtigsten Motivatoren anzukreuzen. Gegebenenfalls sollte er weitere ergänzen. So würden wir bei der Motivation von Herrn Meier einen großen Schritt weiterkommen.

Der eine Mitarbeiter liebt es, voll ausgelastet zu sein. Der andere wird beim Anblick eines lückenlos gefüllten Terminkalenders depressiv. Der eine braucht Lob und Anerkennung. Der andere zieht sein Ding durch, egal, was die Kollegen sagen. Der eine liebt es, im Wettbewerb zu gewinnen. Der andere meidet Konkurrenzsituationen und sucht lieber den Konsens. Nichts davon ist richtig oder falsch, besser oder schlechter. Menschen sind einfach verschieden und tun Dinge aus unterschiedlichen Gründen. Mutige Führungskräfte, die sich trauen, aktiv zu motivieren, haben keine Scheu, ihren Teammitgliedern auf den Zahn zu fühlen und deren Hauptmotivatoren herauszufinden.

Machen Sie doch einmal den Test mit der Tabelle! Zunächst für sich selbst. Dann gemeinsam mit Ihren einzelnen Mitarbeitern. Was sind die drei bis fünf Hauptmotivatoren für Sie und die anderen? Bei den Motivatoren in der Tabelle können Sie zur besseren Einschätzung auch eine Skala vorgeben. Zum Beispiel von minus 2 über 0 (= neutral) bis plus 2. Vielleicht werden Sie am Ende überrascht sein, wie unterschiedlich motiviert Menschen sein können, die äußerlich betrachtet ganz ähnliche Jobs machen. Bedenken Sie bei dieser Übung aber, dass es sich lediglich um Selbsteinschätzungen handelt. Selbstwahrnehmung ist nie das Maß der Dinge. Für ein vollständiges Bild benötigen Sie regelmäßiges, aussagekräftiges Feedback auf mehreren Ebenen. Feedback ist so etwas wie das Rückgrat der Motivation.

Motivation und die Kunst des Feedbacks

Jede Führungskraft im Raum hielt ein Kuvert in der Hand. Die Umschläge waren aus schwerem Papier und von Hand mit Wachs versiegelt. Ich erklärte den versammelten Führungskräften, dass nur die eine Mitarbeiterin, die diese Umschläge versiegelt hatte, den genauen Inhalt kannte. Weder die anwesenden Kollegen noch die Vorgesetzten oder ich selbst wussten, welches Feedback eine einzelne Führungskraft über unsere Fragebögen bekommen hatte. Allen bekannt war lediglich die Form, in der die Ergebnisse aufbereitet waren. In jedem Umschlag befand sich eine Grafik mit einem »House of Empowerment«. Das ist eine Art symbolischer Tempel, der in 14 Segmente eingeteilt ist. Die Segmente stehen für Bausteine der Führung, zu denen wir aus dem Team, das die jeweilige Führungskraft leitete, Feedbacks eingeholt hatten. Mit dem Beamer hatte ich ein Beispiel für ein »House of Empowerment« an die Wand geworfen. War ein Segment grün, bedeutete das ein im arithmetischen Mittel positives Feedback. Ein gelbes Segment steht für gemischtes oder neutrales Feedback. Rote Segmente markieren im Durchschnitt negative Feedbacks.

Ich bat die Führungskräfte jetzt, ihre Umschläge geschlossen zu halten und sich auf den Weg nach Hause zu machen. Bitte nicht ins Büro zu fahren, sondern nach Hause. Und die Umschläge bitte nicht im Auto zu öffnen, sondern erst zu Hause am Küchentisch. Die Spannung stieg, bei einigen wurde sie zur Anspannung. Auch ohne die einzelnen Feedbacks zu kennen, wusste ich, dass auch diesmal wieder »Häuser« dabei sein würden, die fast komplett rot waren. Und auch diesmal würde kaum eine Führungskraft mit solch einem Feedback ihrer Mitarbeiter gerechnet haben. Sie würde ihre eigenen Führungsqualitäten wesentlich positiver einschätzen. Erfahrungsgemäß werden übrigens Führungskräfte der untersten Führungsebenen (ab Level 4) von ihren Mitarbeitern am schlechtesten bewertet.

Mit dieser guten Portion Dramatik bereitete ich die Führungskräfte darauf vor, dass sie in dem Kuvert nicht das vorfinden könnten, was

Das »House of Empowerment«

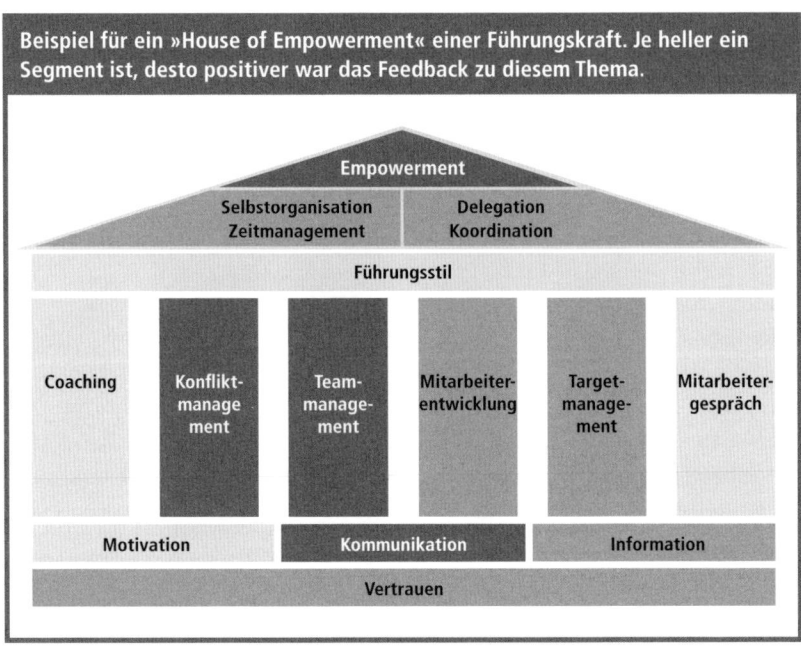

Beispiel für ein »House of Empowerment« einer Führungskraft. Je heller ein Segment ist, desto positiver war das Feedback zu diesem Thema.

sie erwartet haben. Die Diskretion und das private Umfeld sollten den Betroffenen helfen, damit im ersten Augenblick klarzukommen. Einen regelrechten Schock am Küchentisch erlebte eine Controllerin Mitte 50, die mir am nächsten Tag ihr »House of Empowerment« unter die Nase hielt. Ihre Gesichtszüge waren verhärtet und ihr Blick war leer. Bis auf ein einziges gelbes Feld bestand ihr Haus aus lauter roten Segmenten. Die Mitarbeiter hatten kein gutes Haar an ihrer Chefin gelassen.

Demotiviert und demoralisiert durch ehrliches Feedback?

Knapp und kühl erklärte mir die Controllerin, diese Aktion habe sie jetzt vollständig demotiviert. Darüber, dass dieses Feedback ungerecht sei, bräuchten wir gar nicht zu diskutieren. Sie habe bereits ihre Konsequenzen gezogen und beabsichtige, ihre verbleibenden fünf Dienstjahre bis zur Pensionierung schlicht abzusitzen. Für irgendwelche Workshops oder Trainings stehe sie nicht zur Verfügung. Das wolle sie mich wissen lassen. Ich hörte mir das alles in

Ruhe an. Dann fragte ich die Controllerin, ob sie sich die Ergebnisse nicht erst einmal im Detail anschauen wolle. »Nein«, antwortete sie. »Die Mitarbeiter sehen mich völlig falsch. Ich war immer fair.«

Da schlug ich ihr vor, sie solle ihr »Haus« jetzt einfach vergessen. Haken dran. Aber wäre es nicht trotzdem gut, die Mitarbeiter noch einmal ganz direkt mit dem Feedback zu konfrontieren? »Rufen Sie Ihre Mitarbeiter zusammen, zeigen Sie Ihnen das Haus und sagen Sie Ihnen, dass Sie enttäuscht sind«, schlug ich vor. Sie sah mich skeptisch an. Ich argumentierte, fünf Jahre seien eine lange Zeit, und noch habe sie die Chance, eine Zeit daraus zu machen, an die sie sich später einmal gerne erinnern wird. »Reden Sie mit Ihren Mitarbeitern«, sagte ich. Und am nächsten Tag tat sie das tatsächlich. Sie warf ihren Leuten das rote Haus auf den Tisch und sagte: »Ich bin enttäuscht.«

TIPP

Drei Power-Fragen für Feedback

Führungskräfte sollten jederzeit so gut wie möglich darüber informiert sein, was in den Köpfen ihrer Teammitglieder vorgeht. Die folgenden drei Power-Fragen helfen dabei, dies offenzulegen und eine konstruktive Diskussion in Gang zu setzen. Ich empfehle Führungskräften, diese drei Fragen regelmäßig zu stellen.

1. **Wie kommen Sie mit meinem Führungsstil klar?**
   Diese Frage ist mutig, weil sie bewusst so formuliert ist, dass sie nicht auf Verbesserungsvorschläge für den Führungsstil zielt. Nicht der Führungsstil steht zur Debatte, sondern das, was er auslöst.

2. **Wie beurteilen Sie unsere gemeinsame Leistung?**
   Die Führungskraft bezieht sich mit dieser Frage bewusst in die Gruppe mit ein. Die Mitarbeiter lernen, über gemeinsame Probleme des Teams zu sprechen. Das entlastet und motiviert.

3. **Was müssen wir noch tun, um unser Ziel zu erreichen?**
   Mitarbeiter haben immer Ideen. Aber nicht alle verraten ihre Ideen, ohne danach gefragt zu werden. Wer gezielt nach Verbesserungsvorschlägen fragt, der generiert nicht nur Ideen. Er motiviert auch, weil Mitarbeiter merken, dass ihre Meinung zählt.

Bei unserem nächsten Treffen berichtete mir die Controllerin von einem Gespräch mit ihren Mitarbeitern, wie sie es in 20 Berufsjahren noch nicht erlebt hätte. Da war plötzlich eine Offenheit und Tiefe, die alles ans Tageslicht brachte. Alte, aufgestaute Dinge kamen auf den Tisch, die die Managerin längst vergessen hatte. Aber an den Mitarbeitern nagten sie immer noch. Mehrmals hatte die Vorgesetzte spontan gesagt: »Das tut mir leid.« Sie konnte ihr Feedback jetzt verstehen. Aber das Beste war, dass sie nach über 20 Jahren noch einmal begann, ihre Gewohnheiten zu ändern. So führte sie zum Beispiel erstmals gemeinsame Besprechungen ein. Bisher war sie es gewohnt gewesen, mit einem Auftrag zu Mitarbeitern hinzugehen oder eine E-Mail zu schreiben. Am Ende wurden ihre letzten fünf Berufsjahre die angenehmsten, die sie erlebt hat.

Motivation hat mit Geben und Nehmen zu tun. Das gilt auch für Feedback. Ständiges Feedback ist vielleicht der wichtigste Einzelbaustein der Motivation. Aber es darf keine Einbahnstraße sein. Führungskräfte, die ihren Mitarbeitern regelmäßig Feedback geben, brauchen selbst auch ehrliche Rückmeldungen von den Mitarbeitern. Sie sollten aktiv darum bitten. Sich mit den Ergebnissen zu konfrontieren, kostet Mut. Doch wenn auf dieser Grundlage offene und konstruktive Gespräche stattfinden, sind große Fortschritte möglich. Ich habe mehrfach erlebt, wie sich durch wechselseitiges Feedback zwischen sämtlichen Führungsebenen die gesamte Unternehmenskultur schrittweise verändert hat. Ehrlichkeit motiviert immer, selbst dort, wo der Umgang mit der Wahrheit zunächst schwierig ist.

Besondere Momente der Motivation

Sind Sie in den Neunzigerjahren auch über glühende Kohlen gelaufen? Oder haben Sie in überfüllten Stadthallen »Tschakka« gebrüllt? Damals war das mutig. Heute wäre es peinlich. Die Motivationsgurus haben zu ihrer großen Zeit vor 15 Jahren bei vielen Menschen Grenzen verschoben und Potenziale geweckt. Insofern hatten sie ihre Berechtigung. Die Exzesse von damals sind uns heute entweder unangenehm oder wir müssen laut darüber lachen.

> **Glühende Kohlen, Tschakka & Co. – erinnern Sie sich?**

Trotzdem sollten uns diese Übertreibungen nicht davon abhalten, ab und zu besondere Momente erleben zu wollen, die das Team zusammenschmieden und motivieren. Mutig motivieren bedeutet, weder Angst vor solchen Gemeinschaftserlebnissen zu haben noch in Übermut zu verfallen. Das richtige Maß ist heute gefragt. Führungskräfte sollten sich fragen: Wie kann ich immer wieder das Potenzial, das jemand um 9 Uhr morgens mitbringt, so aktivieren, dass es der Firma zugute kommt?

Übertreibungen beobachte ich auch heute noch. Sie begegnen einem vor allem dort, wo es Führungskräften an Empathie und Fingerspitzengefühl für ihr Team fehlt. Diese Führungskräfte bringen zwar den Mut auf, aktiv zu motivieren. Aber sie wollen die Motivation erzwingen. So wie ein Manager, der einmal das Sommerfest seiner Firma mit einer Rafting-Tour über Wildwasser krönen wollte. Die Situation eskalierte komplett. Mehrere Mitarbeiter erlitten auf dem Wasser Panikattacken und mussten anschließend psychologisch betreut werden. Bitte verstehen Sie mich nicht falsch: Ich halte viel von Outdoor-Aktivitäten und ich weiß, dass zahlreiche Trainer hier sinnvolle Angebote machen. In diesem Fall hat der Vorgesetzte versagt. Mit mehr Empathie hätte er an feinen Signalen erkannt, dass er sein Team überfordern wird. Er hätte den Widerwillen der Mitarbeiter, das Floß zu besteigen, ernst genommen und die Aktion abgebrochen.

Wie viel Mut tut gut? Und was überfordert? Ich gebe zu, dass dies eine Gratwanderung ist. Eine Mutprobe, bei der Mitarbeiter ihre Grenzen überschreiten, löst einen gewaltigen Motivationsschub aus. Eine Mutprobe, die schiefgeht, ist ein Desaster und muss anschließend unbedingt aufgearbeitet werden. Die Kunst besteht darin, sich schrittweise an das heranzutasten, was noch mutig, aber nicht übermütig ist. Wer sein Team noch nie außerhalb des Büros erlebt hat, sollte es nicht gleich zum Fallschirmspringen in ein Flugzeug packen. Da ist ein sanfterer Einstieg immer noch mutig genug. Ist eine Mutprobe tatsächlich einmal schiefgegangen, empfehle ich, die Situation zunächst im Dialog zu klären, eventuell unterstützt von einem Coach. Niemand darf sich als Verlierer fühlen. Anschließend sollte man aber nicht aufgeben, sondern es mit einer sanfteren Mutprobe noch einmal versuchen.

Gummiknie in 4000 Metern Höhe

Ich bin einmal mit meinem Team Fesselballon gefahren. Das schien mir gewagt, aber noch vertretbar. Da ich unter Höhenangst leide, musste ich mich selbst stark überwinden. Ich konnte mich nicht arrogant als über die Ängste anderer erhaben präsentieren. Das war schon einmal ein wesentlicher Vorteil. Wir stiegen auf 4000 Meter Höhe und ich spürte Gummi in den Knien. Am Ende sind wir aufgrund sich verschlechternder Wetterverhältnisse am völlig falschen Ort gelandet. Das war hundert Kilometer von unserem geplanten Ziel entfernt, und wir mussten die lange Rückreise erst organisieren. Doch die Stimmung war großartig. Wir freuten uns über die gemeinsam bestandene Mutprobe.

»*Der Mutige erschrickt nach der Gefahr, der Furchtsame vor ihr, der Feige in ihr.*« JEAN PAUL

Mutproben müssen nicht immer so spektakulär sein wie eine Fahrt im Fesselballon. Sie können zum Beispiel auch musikalisch sein, so wie die folgende. Ich habe sie nicht selbst erlebt, sondern von der Führungskraft, die sie mit ihren Mitarbeitern gemacht hat, erzählt bekommen. Dieser Manager, nennen wir ihn hier einmal Herrn Lackner, hat sich wiederum von einem amerikanischen Autor inspirieren lassen. Da ich keinen Grund habe, an der Glaubwürdigkeit von Herrn Lackner zu zweifeln, möchte ich die Geschichte hier gerne nacherzählen. Auch diese Führungskraft hatte den Mut zur Überraschung. Sie wusste, dass es nichts bringt, Mitarbeiter zu fragen, was man mal machen könnte. Eigene Ideen sind gefragt. So wurde das Team von Herrn Lackner am ersten Abend einer Strategietagung in einem Hotel in einen der Veranstaltungssäle geführt.

Im Saal befanden sich mehrere größere Gegenstände, die mit weißen Tüchern abgedeckt waren. Als sich alle vollständig versammelt hatten, bat der Chef seine Teammitglieder, die Tücher zu entfernen. Darunter kamen Musikinstrumente zum Vorschein. Genauer gesagt, die Instrumente einer Jazzband: Keyboard, Saxofon, Trompete, Schlagzeug, Klarinette, Bass und so weiter. Herr Lackner hatte für den Abend eine Jazzband engagiert. Doch die Musiker sollten für ihre Gage gar nicht spielen, sondern nur ihre Instrumente zur Verfügung stellen und sich nebenan in der Wirtschaft einen geselligen Abend machen. Heute Abend sollte das Team von Herrn Lackner die Jazzband sein! Innerhalb von wenigen Stunden würden sie ein kurzes Stück einstudiert haben und zum Besten geben.

Herr Lackner fragte zunächst in die Runde, wer schon ein Instrument gespielt hätte. Erwartungsgemäß kam heraus, dass ein oder zwei Teammitglieder als Schüler einmal ein wenig musiziert hatten. Die Mehrheit hatte noch nie auf einem Instrument gespielt. Genau so hatte der Chef sich das vorgestellt. Andernfalls wäre es ja keine Mutprobe gewesen. Unter Anleitung suchte sich nun jeder ein Instrument aus und begann vorsichtig, ihm Töne zu entlocken. Im zweiten Schritt sprachen sich die Teammitglieder untereinander ab. Und spät am Abend gelang es ihnen tatsächlich, einige Minuten gemeinsam zu musizieren.

Mit klassischer oder überhaupt komponierter Musik hätte das sicher nicht geklappt. Doch Jazz ist bekanntlich improvisierte Musik, bei der sich die Musiker spontan aufeinander einstimmen. So bestand eine realistische Chance, gemeinsam Musik hinzukriegen. Herr Lackner, der sich das ausgedacht hatte, schwärmt heute noch von diesem Abend. Am Schluss waren alle überglücklich, denn sie hatten etwas geschafft, was sich keiner von ihnen vorher zugetraut hätte. Sie hatten den Mut bewiesen, es einfach zu probieren. Und Erfolg gehabt.

Besondere Momente der Motivation sollten stets anspruchsvoll und individuell sein. Die »Jazz-Session« war eine großartige Idee. Aber sie würde nicht in jedem Team zünden. Zum Team von Herrn Lack-

Macht Ihr Team stets Dienst nach Noten – oder beherrscht es auch Jazz?

ner passte diese Mutprobe perfekt. Es handelte sich nämlich um eine Gruppe von Spezialisten, die praktisch nie gemeinsam an Projekten arbeiteten, sondern mehr oder weniger als Einzelkämpfer in Unternehmen geschickt wurden. Noch nie hatten sie sich so sehr als Team erlebt wie während dieser Mutprobe. In der Folgezeit waren sie motiviert, ihr Einzelkämpfertum auch einmal zurückzufahren. Seit diesem Abend holten sie sich viel öfter Rat bei Kollegen und besprachen wichtige Probleme gemeinsam.

Nur authentische Führungskräfte können aktiv motivieren

Nachdem nun viel von aktiver Motivation, wechselseitigem Feedback sowie gelungenen und weniger gelungenen Mutproben die Rede war, möchte ich zum Schluss noch einmal alle Aufmerksamkeit auf die Führungskraft selbst lenken. Die besten Tools und die kreativsten Ideen bewirken nichts, wenn der Vorgesetzte als Motivator nichts taugt. Aktiv motivieren können letztlich nur authentische Führungskräfte. Wer nicht authentisch ist, sollte den Versuch gar nicht erst machen und lieber im Sinne von Sprenger die Mitarbeiter sich selbst überlassen. So entsteht wenigstens kein größerer Schaden.

Authentische Führungskräfte, die motivieren können, erkennen Sie daran, dass sich ein inneres Bestreben, andere Menschen positiv zu beeinflussen, durch ihr ganzes Leben zieht. Oft waren sie in der Schule bereits Klassensprecher, später Mannschaftskapitän eines Sportteams oder Jugendgruppenleiter und so weiter. Als Erwachsene findet man sie in Präsidien von Vereinen und in den Beiräten karitativer Organisationen. Sie sind Chorleiter, gründen Elterninitiativen oder fördern Künstler. Sie werden nicht dadurch zum Persönlichkeitsentwickler, dass sie morgens früh ein Büro betreten, sondern sie sind es einfach und waren es oft schon immer.

Authentische Führungskräfte habe ich als Trainer bei Seminaren immer schnell erkannt. Sie kommen pünktlich und wirken entspannt. Sie lassen sich auf den Seminartag ein, sind konzentriert und präsent. Sie nerven niemanden mit überflüssigen Fragen oder besserwisserischen Kommentaren. In den Pausen trinken sie ganz in Ruhe ihren Kaffee und sind mit allen zum Gespräch bereit. Sie nehmen sich gern Zeit, Neues aufzunehmen. Führungskräfte, die mit ihrer Rolle überfordert sind, verhalten sich dagegen ganz anders. Sie kommen meistens zu spät und hängen dann immer noch am Handy. Auch während des Trainings checken sie zwischendurch E-Mails oder tragen sich auf dem iPad Termine ein. In den Pausen werden sie dann erst recht hektisch und telefonieren ununterbrochen. Solche Führungskräfte glauben, ohne ihr ständiges Eingreifen aus der Ferne würde in ihrer Firma alles zum Stillstand kommen.

Wenn solche Chefs dann auch noch aktiv motivieren wollen, kann ihr Team das nur als Drohung verstehen. Noch mehr Kontrolle, noch mehr Druck. Aber das ist keine Motivation. Mit Druck machen Führungskräfte erst ihre Leute und anschließend sich selbst fertig. Also: Bleiben Sie authentisch! Lernen Sie die Menschen in Ihrer Umgebung besser kennen. Finden Sie heraus, was Ihre Teammitglieder an Motivation brauchen. Sorgen Sie dafür, dass diese Motivation stattfindet. Und dann haben Sie den Mut, loszulassen und oft genug an sich selbst zu denken.

Ihre fünfte Mutprobe

Basteln Sie sich einen Anstecker des Meinungsforschungsinstituts, das Sie für diese Mutprobe kurzfristig selbst gründen. Nehmen Sie sich ein Klemmbrett, Papier und Stift und postieren Sie sich vor den Eingang eines Supermarkts oder Kaufhauses. Hier bitten Sie mindestens 30 Minuten lang Passanten, an Ihrer kleinen Umfrage teilzunehmen. Diese dauert garantiert nur zwei bis drei Minuten. Jeder Person, die sich bereit erklärt, mitzumachen, stellen Sie die folgenden drei Fragen:

1. Was haben Sie innerhalb der letzten zwei Wochen getan, um Ihrem Leben neuen Schwung zu geben?

2. Womit haben Sie zum letzten Mal bewiesen, dass Sie mehr können als der Durchschnitt?

3. Was beabsichtigen Sie in den kommenden zwei Wochen zu tun, um einen anderen Menschen glücklich zu machen?

PS. Es kann passieren, dass Sie bei dieser Mutprobe einiges über andere Menschen und ihre persönlichen Motivatoren lernen.

Fokus:
Sales

SECHSTE MUTPROBE

Angstfrei verkaufen

Wann zieht Champagner mehr als 5000 PS im Maschinenraum?
Weshalb ist Angstfreiheit beim Verkaufen das Wichtigste?
Was kann jeder Verkäufer vom Luxussegment lernen? Worauf
kommt es in Verkaufsgesprächen wirklich an? Warum ist Hard-
selling endgültig out? Erwarten Sie Antworten. Und machen Sie
sich bereit für die sechste Mutprobe.

»Noch ein Schlückchen für die Dame?« Bevor die Blonde
mit der Modelfigur reagieren konnte, rann eine weitere Dosis Jahrgangs-Champagner in das schon mehrfach
benutzte Kristallglas. Der Verkäufer bei einem der exklu-
sivsten Hersteller von Yachten hatte es sich mit der Gat-
tin eines Kaufinteressenten an Deck gemütlich gemacht.
Gleichzeitig stieg sein Assistent mit dem Millionär tief in
den Maschinenraum, begleitete ihn zum Führerstand, zeigte
ihm das Beiboot und betete die ganze Zeit sämtliche technischen
Details herunter. Charmant und witzig unterhielt der Verkäufer weiter
die Ehefrau. Bis er im passenden Moment näher an sie heranrückte
sagte: »Gnädige Frau, machen Sie Ihrem Mann doch die Freude. Er
liegt schon halb im Motor vor Begeisterung. Gönnen Sie ihm doch das
neue Boot!«

**Ahnungslos und
ganz entspannt**

shutterstock.com/AchMan

Wie würden Sie einem Kunden dieses Produkt verkaufen?

Was Ihnen vielleicht vorkommt wie eine Szene aus der Neureichen-Soap »Die Geissens«, habe ich vor einigen Jahren selbst erlebt. Nicht in Monte Carlo, sondern auf der Bootsmesse in Düsseldorf. Der Hersteller von Luxusyachten war gerade mein Kunde geworden. Ich sollte seinen erfolgreichsten Verkäufer kennenlernen. Dieser Mann machte angeblich acht Mal so viel Umsatz wie der zweitbeste Verkäufer. Bei diesem Produkt – die »billigste« Yacht kostete fünf, die zweitgünstigste 15 Millionen Euro – schnell ein Unterschied im zweistelligen Millionenbereich. Seine Masche mit der beschwipsten Ehefrau durchschaute ich sofort. Aber es kam noch viel besser.

Dieser Verkäufer machte Millionen mit einem Produkt, von dem er überhaupt keine Ahnung hatte. Mehr noch: Er interessierte sich kein bisschen für Boote. Er besaß keinen Bootsführerschein und konnte im nüchternen Zustand gerade einmal Steuerbord von Backbord unterscheiden. Mit Motoren kannte er sich genauso wenig aus wie mit moderner Navigationstechnik. Selbst die Abmessungen einer Yacht hätte er im Verkaufsprospekt nachschlagen müssen. Das alles gab er mir gegenüber unumwunden zu. Seine Ehrlichkeit war entwaffnend. »Was soll ich mich für Yachten interessieren?«, meinte er. »Ich werde mir sowieso nie eine leisten können. Da unterhalte ich mich lieber auf dem Sonnendeck mit den Damen.«

Dieser Verkäufer braucht Ihnen nicht sympathisch zu sein. Ich empfehle Ihnen auch seine Verkaufsmethode nicht zur Nachahmung. Ganz im Gegenteil. Warum erzähle ich Ihnen trotzdem diese Geschichte? Weil Sie an diesem extremen Beispiel erkennen können, wie sehr es beim Verkaufen auf Angstfreiheit ankommt. Wenn dieser Mann mit einem Produkt, das ihm vollkommen gleichgültig war, Millionenumsätze generieren konnte, dann hatte das einen einzigen Grund: Er war vollkommen angstfrei. Er schämte sich für nichts, am allerwenigsten für seine Wissenslücken. Und er stand zu allem, was er tat.

Wenn ein angstbefreiter Verkäufer nun schon ein Produkt, das ihn überhaupt nicht interessiert, acht- bis zehnmal so gut verkauft wie seine Kollegen – um wie viel besser muss dann erst ein angstfreier Verkäufer sein, der sich dazu noch mit dem Produkt identifiziert? Um solch ein mutiges, angstbefreites Verkaufen geht es in diesem Kapitel. Doch warum ist beim Thema Verkaufen überhaupt so schnell die Angst mit im Boot?

Horrortrip verkaufen – das muss nicht sein!

Warum Kundenakquisition zu einem Angstthema geworden ist, haben Sie in diesem Buch bereits gelesen. Wenn Sie den Horror für einen durchschnittlichen Mitarbeiter noch steigern wollen, dann lassen Sie ihn nicht bloß Kontakte sammeln. Sondern verlangen Sie den erfolgreichen Verkaufsabschluss! Da wird es dann richtig brenzlig. Wer einen Kontakt nicht gewinnt, kann das immer noch ganz gut abschütteln. Es gibt so viele andere Menschen, die man auch noch ansprechen könnte. Wer nichts verkauft, steht blank da. Deshalb versuchen manche Mitarbeiter, diese Erwartung vollständig zu vermeiden. Verkaufen? Das sollen doch bitte die Kollegen machen!

Die verborgenen Ängste der Verkäufer

Wovor hat jemand Angst, der sich scheut zu verkaufen? Vertraulich und in einem geschützten Rahmen befragt, haben mir Mitarbeiter unterschiedlicher Unternehmen immer wieder die folgenden drei Ängste anvertraut:

1. Angst, sich zu blamieren
2. Angst, sich zu öffnen
3. Angst, dem anderen etwas wegzunehmen

Die ersten beiden Ängste haben mit unserem Selbstwertgefühl zu tun. Bei der dritten Angst geht es um unsere Werte und Überzeugungen, vor allem zum Thema Gerechtigkeit. Mitarbeiter, die Angst haben, sich bei Kunden zu blamieren, sagen oft Sätze wie »Ich will mich nicht verbiegen«. Sie befürchten, im Verkaufsgespräch einen Teil ihrer Identität – und damit ihres Selbstwerts – einzubüßen. Dahinter steckt wiederum der Glaube, sie müssten »es dem Kunden recht machen« und dürften nicht authentisch sein.

Nehmen wir einmal an, ein Verkäufer in einem Elektronikmarkt leidet unter unterschwelliger Angst. Vielleicht als Folge von zu hohem Erwartungsdruck. Typischerweise wird er die Angst vor seinen Kunden und Kollegen verbergen. Aber eigentlich weiß er, dass er nicht angstfrei verkauft. Ich würde diesen Verkäufer fragen: »Haben Sie schon einmal einem Milliardär etwas verkauft?« Vielleicht erzählt mir der Verkäufer dann etwas von Kunden, die besonders viel gekauft haben oder so richtig nach Geld aussahen. Dann antworte ich ihm: »Ob Sie schon einmal einen Milliardär bedient haben, können Sie überhaupt nicht wissen.« Und das stimmt.

Die Reichsten der Reichen in Deutschland verhalten sich meistens völlig unauffällig. Sie protzen nicht mit Luxusautos und kleiden sich selten besonders modisch. Deshalb war der Mann mit der Rolex und dem Bentley-Schlüssel in der Hand, dem der Verkäufer sich letzte Woche meinte anbiedern zu müssen, mit ziemlicher Sicherheit *kein* Milliardär. Der hagere ältere Herr im Trachtenjanker, der nach einem Kabel gefragt hat, könnte dagegen einer gewesen sein. Der Inhaber einer Lebensmittelkette, der zu den zehn reichsten Deutschen zählt, saß über Jahre regelmäßig abends in seinem eigenen Golfhotel im

Schwarzwald an der Bar und trank sein Bier. Außer Eingeweihten hat ihn nie jemand erkannt.

Was kann der Verkäufer im Elektronikmarkt daraus lernen? Ganz einfach: Wenn die Superreichen und extrem Erfolgreichen sich niemandem anbiedern, dann braucht es ein Verkäufer auch nicht zu tun. Wer Erfolg hat, ist authentisch. Deshalb kann auch authentisch sein und bleiben, wer Erfolg haben will. Da Verkäufer ohnehin nicht wissen können, wie viel Geld ein Kunde hat und wie es um seine Zahlungsbereitschaft bestellt ist, können sie es sich auch leicht machen und einfach alle Kunden gleich behandeln. Sie können authentisch, natürlich und selbstbewusst auftreten und in Ruhe abwarten, wie sie auf den Kunden wirken. Bei sehr reichen Kunden kommt Authentizität sogar besonders gut an. Darauf werde ich noch näher eingehen.

TIPP

Alles Trainingssache?

Spitzenverkäufer sind bestens geschult und bereiten sich auf wichtige Verkaufsgespräche exzellent vor. Im Umkehrschluss bedeutet das aber nicht, dass jedes Verkaufstraining angstfreie und erfolgreiche Verkäufer hervorbringt. Im Gegenteil, es gibt Verkaufstrainings, die alles noch schlimmer machen. Diese sollten Sie sich und Ihren Mitarbeitern ersparen. Es sind Trainings, durch die Verkäufer im Dialog mit dem Kunden *die Kontrolle gewinnen* sollen. Sei es mit rhetorischen Tricks, mit Psychospielen oder womit auch immer. Vergessen Sie solche Trainings! Kunden von heute durchschauen aufgesetzte Maschen. Sie wollen Verkäufern begegnen, die ihnen zuhören und sie ernst nehmen.

Menschen, die Hemmungen haben zu verkaufen, fürchten sich oft vor Bloßstellung. Sie glauben, ein Kunde könnte ihre Wissenslücken entdecken und sie dumm dastehen lassen. Hier lässt sich von dem Yachtverkäufer mit der Champagner-Masche eine Menge lernen. Ihm war klar, wie wenig es beim Verkaufen auf Fachwissen ankommt. Und tatsächlich ist es völlig in Ordnung, wenn ein Verkäufer auf eine Kundenfrage antwortet: »Einen Moment bitte, das schlage ich für Sie kurz nach.« Oder: »Diese Informationen besorge ich und sende sie Ihnen morgen früh per E-Mail.«

Richtig schlecht ist es dagegen, wenn ein Verkäufer sich keine Blöße geben will und deshalb verkrampft, blasiert und arrogant rüberkommt. Nicht Offenheit verschreckt Kunden, sondern mangelnde Öffnung. Nicht Peinlichkeit, sondern Oberflächlichkeit. Nicht Ehrlichkeit, sondern Fassade. Wer Angst hat, sich zu öffnen, sollte sich fragen, ob er nicht in Wirklichkeit Angst davor hat, dass die Fassade bröckeln könnte, die er sich zugelegt hat. Der Verkäufer von Superyachten auf der Bootsmesse machte jedenfalls niemandem etwas vor. Weder Kunden noch Kollegen noch sich selbst. Er zielte auf die emotionale Ebene, dorthin also, wo Kaufentscheidungen tatsächlich fallen. Und wenn Ihre Mitarbeiter Papiermaschinen verkaufen sollen statt Superyachten? Dann sage ich: Es zählt immer die emotionale Ebene, auch bei »unemotionalen« Produkten. Sie müssen nur nach den Emotionen suchen, die im Spiel sind.

> »Es ist nichts falsch daran, dass Menschen Reichtümer besitzen;
> falsch wird es, wenn Reichtümer Menschen besitzen.«
> BILLY GRAHAM

Bleibt als drittes Problem das unangenehme Gefühl, von dem anderen etwas haben zu wollen. Diese Angst, jemandem wegzunehmen, was ihm gehört. Hier geht es um Wertekonflikte und bestimmte Glaubenssätze über Geld, Besitz und Gerechtigkeit. Glaubt ein Mitarbeiter, seine Firma würde Kunden zu viel Geld aus der Tasche ziehen? Oder ist er stolz, dem Kunden ein einzigartiges Angebot machen zu können? Einige Menschen haben Probleme, Produkte zu verkaufen, die sie und viele andere sich niemals leisten könnten.

Manchmal hilft es da schon, sich klarzumachen, dass Wirtschaft ein Kreislauf ist, in dem alles Geld irgendwann zu Einkommen wird. Kauft ein Kunde eine Luxusuhr, dann können der Hersteller und der Juwelier ihren Angestellten Gehälter zahlen. Davon kaufen diese Angestellten wiederum Lebensmittel ein und sorgen bei den Angestellten im Supermarkt für Einkommen. Diese gehen dann wieder einkaufen. Und so weiter. Die besten Verkäufer spüren, dass Geld »fließen will«.

Ihnen macht es Spaß, diesen Fluss zu beschleunigen. Sie haben Mut und stehen dazu, dass sie gerne viel verkaufen.

Lernen vom Umgang mit Superreichen

»Do you have silver frames?«, fragte der Araber. Er war in einem Hotel in der Wiener Innenstadt abgestiegen und suchte Rahmen für seine neuesten Familienfotos. Deshalb schaute er im Juweliergeschäft um die Ecke vorbei. Die gut geschulten Mitarbeiter boten ihm einen Sitzplatz und ein Getränk an wie allen anderen Kunden auch. Dann holten sie Bilderrahmen hervor. Zwei Stunden später ging der Araber zur Kasse. Dort wurde seine Kreditkarte mit rund 300 000 Euro belastet. Nicht allein für silberne Rahmen, sondern auch für etliche Luxusuhren, die der Kunde seinen auf den gerahmten Fotos abgebildeten Familienmitgliedern schenken würde.

Shopping im Wert eines Einfamilienhauses

Wie haben die Verkäufer es geschafft, einem Superreichen nicht nur die gewünschten Rahmen für vielleicht 300 Euro, sondern dazu noch Uhren für den tausendfachen Betrag zu verkaufen? Die Antwort ist ganz einfach: Sie sind mit dem Kunden ins Gespräch gekommen und haben ihn auf einer persönlichen Ebene erreicht. Wer Kunden aus dem arabischen Kulturkreis kennt, der weiß, dass es besonders schwierig ist, als Europäer diesen Menschen persönlich näher zu kommen. Doch die Verkäufer im Juweliergeschäft haben es geschafft. Die Silberrahmen für die Familienfotos waren ja auch eine perfekte Steilvorlage, um über das Thema Familie und Privates zu plaudern.

Dieser Smalltalk war Schwerarbeit für das Verkaufsteam. Schritt für Schritt erfuhren die Verkäufer zum Beispiel, dass der Kunde für sich und seine Frauen im Hotel nebenan einen kompletten Flügel belegt hatte. Und da wussten sie: Wo gleich mehrere Ehefrauen sind, da gibt es auch mehrere Abnehmer für edle Damenuhren. Und vielleicht noch Söhne, denen exklusive Pilotenuhren gefallen könnten.

Seit Jahren sind viele meiner Beratungs- und Trainingskunden Unternehmen, die Premiumprodukte an Reiche und Superreiche verkaufen. Mit der Zeit habe ich gelernt: Wer Superreichen etwas verkaufen kann, der kann so gut wie jedem etwas verkaufen. Denn Superreiche lassen sich nur mit angstfreien Verkäufern überhaupt auf ein längeres Gespräch ein. Sie hassen Anbiederung und Schmeichelei. Wer Superreichen sein Produkt verkaufen will, der muss selbstbewusst auftreten und sich auf Augenhöhe bewegen. Der Unterschied an Geld und Macht muss ihm im Verkaufsgespräch völlig egal sein. Reiche Leute kaufen gerne bei Menschen mit Rückgrat. Solche Verkäufer sagen sich: Klar, der Kunde stellt etwas dar – aber ich bin auch jemand!

Einmal kam ein Kunde mit 500 Millionen Euro zu einer der traditionsreichsten Privatbanken Europas und wollte dieses Geld anlegen. Als Erstes erkundigten sich die Mitarbeiter nach der Herkunft des Geldes. Es stellte sich heraus, dass der Mann bis letzte Woche Unternehmer gewesen war und gerade seine Firma für eine halbe Milliarde an einen Investor veräußert hatte. Überlegen Sie doch einmal selbst, was Sie als Mitarbeiter dieser Bank dem Kunden jetzt angeboten hätten …

Ich gebe Ihnen ein paar Entscheidungshilfen: Ungeschickte Verkäufer bekommen in dem Moment, da die Summe von 500 Millionen Euro im Raum steht, Dollarzeichen in den Augen, rechnen sich in Gedanken schon ihre mögliche Provision aus und versuchen dann, sich anzubiedern, um möglichst lukrative Produkte zu verkaufen. Solche Verkäufer finden sich allerdings eher in schneeballähnlichen Strukturvertrieben als im Private Banking. Gute Verkäufer bleiben auch bei etlichen Millionen Euro cool, hören dem Kunden in aller Ruhe zu und versuchen, seine wirklichen Bedürfnisse herauszubekommen. Diese Bank hatte jedoch absolute Spitzenleute. Und die reagierten noch einmal komplett anders.

Die Banker machten dem Kunden klar, dass er sofort psychologische Betreuung benötigte. Gestern noch Unternehmer mit vollem Terminkalender und jeder Menge Verantwortung, heute arbeitslos mit einer halben Milliarde in der Tasche – das war seelischer Sprengstoff. Die Bankmitarbeiter agierten jetzt vollkommen angstfrei. Sie machten keine zaghaften Vorschläge, sondern ließen den Kunden einfach nicht mehr gehen. Sofort buchten sie ein Hotel für das Wochenende und beauftragten einen erfahrenen Psychologen, sich dort um den Mann zu kümmern. Die Ehefrau und die Kinder wurden gleich mit einbezogen und auch in dem Hotel einquartiert. Unter psychologischer Anleitung sollte den Kindern erklärt werden, was geschehen war und wie es nun weitergehen würde.

Nach diesem Wochenende mit psychologischer »erster Hilfe« wollten die Banker dann vom Thema Geldanlage immer noch nichts wissen. Sie fragten den Kunden erst einmal nach seinen Hobbys. Als sich herausstellte, dass Kunst die große Leidenschaft des ehemaligen Unternehmers war, legten sie ihm nahe, einen Kunsthandel zu eröffnen. Er stimmte zu und die Bank nahm alles in die Hand: Im Namen des Kunden mietete sie Büroräume in einem Glastower in der City an. Sie staffierte das Büro mit USM-Möbeln aus, stellte zwei Mitarbeiterinnen ein und brachte Firmenschilder am Eingang an.

Anschließend machte die Bank den Kunden mit seiner neuen Rolle als Kunsthändler vertraut, besorgte ihm alle nötigen Informationen sowie die richtigen Berater und Experten. Geschafft: Der Kunde hatte jetzt wieder eine Aufgabe! Somit gelang dem Unternehmer und seiner Familie der Übergang in den neuen Lebensabschnitt ohne Spannungen. Erst jetzt setzten sich die Banker mit dem Kunden zusammen und besprachen in aller Ruhe die Anlagestrategie für sein Vermögen. Durch das »Family Office« der Bank werden der Multimillionär und seine Familie seitdem sieben Tage die Woche in Finanzfragen beraten und unterstützt.

Auf den Punkt gebracht: Diese Topleute begriffen sofort, was auf der *menschlichen* Ebene mit dem potenziellen Kunden los war. Sie wussten, dass sie erst einmal bei den Lebensumständen ansetzen mussten, um aus dem Neukunden einen dauerhaft zufriedenen Kunden zu machen. Sie bezogen dabei das gesamte soziale Umfeld mit ein. Und sie bewegten sich auf Augenhöhe und nahmen die Dinge in die Hand. Das ist »Verkaufen« auf höchstem Niveau. Dazu gehört Mut. Und daraus kann jeder etwas lernen, der einen anderen für sein Produkt interessieren möchte.

Topverkäufer erfassen sofort die menschliche Ebene

Menschen mit viel Geld lieben nicht nur Luxus, sondern haben meistens auch schon viel erlebt. Sie sind weltgewandt, verfügen über eine gute Menschenkenntnis und lassen sich nichts vormachen. Von Menschen in ihrer Umgebung erwarten sie, dass sie souverän, selbstbewusst und authentisch sind. Sie mögen es nicht, wenn andere vor ihnen kuschen. Sie haben selbst keine Angst und gehen deshalb auch gerne mit angstfreien Menschen um. Daher gilt für mich: Egal, was Sie und Ihre Mitarbeiter verkaufen und wem Sie es verkaufen wollen – behandeln Sie jeden Kunden wie einen Milliardär, und Sie machen im Verkauf garantiert vieles richtig.

Was im Verkauf wirklich zählt

»Wo sind die Weißwürste?«

Der CEO einer Handelskette strahlte mich schon von Weitem an, als er sah, dass ich vor seiner Bürotür wartete. »Vielen Dank für die Weißwürste«, sagte er. »Die haben super geschmeckt!« Bei unserem ersten Sondierungsgespräch vor ein paar Wochen hatte er mich provozieren wollen. Weil er wusste, dass meine Firma in München sitzt, hatte er mich mit der Frage »Wo sind die Weißwürste?« begrüßt. Ich tat daraufhin das, was ich auch von jedem guten Verkäufer erwarten würde: Ich ließ mich nicht provozieren. Stattdessen hörte ich gut zu und merkte mir möglichst viele Details.

Sobald ich einiges über einen Kunden weiß, heißt es kreativ sein und auf Ideen kommen. Schließlich gilt es, den Mut aufzubringen, diese Ideen auch umzusetzen. In diesem Fall hatte ich meine Mitarbeiter gebeten, dem CEO richtig gute Münchner Weißwürste und erstklassigen Senf zukommen zu lassen. Damit hatte ich seine Provokation in eine Geschenkidee umgemünzt. Das signalisierte diesem anspruchsvollen Kunden: Begegnung auf Augenhöhe. Und es hatte ihm sichtlich gefallen. Einem CEO als Geschenk eine Flasche Champagner schicken zu lassen, wäre nur peinlich. Originelle Geschenke sind gefragt. Vor allem der Mut, überhaupt etwas zu schenken.

Von der Freude des CEO ließ ich mich an diesem Tag jedoch überhaupt nicht anstecken. Im Gegenteil, ich machte ein sehr ernstes Gesicht. Als wir kurze Zeit später am Konferenztisch saßen, sagte ich direkt: »So geht es nicht weiter!« Mein Kunde schaute überrascht. Was war los? »Jetzt war ich schon mehrfach in Ihren Filialen«, erklärte ich ihm. »Langsam spricht sich herum, dass ich für Ihre Firma arbeite. Und heute Morgen bin ich in dieser Filiale hier schon wieder von keinem Verkäufer begrüßt worden. So geht das nicht. Es darf nicht der Eindruck entstehen, als ob unser Training nichts bringen würde. Ich habe einen Ruf zu verlieren.« Mein Kunde wirkte geschockt.

Als ich das nächste Mal in eine Filiale dieser Handelskette kam, wurde ich von allen Verkäufern schon von Weitem begrüßt. So wie die anderen Kunden auch. Ein Ruck war durch das Unternehmen gegangen. Der CEO hatte seine Filialleiter zusammengetrommelt und auf den Tisch gehauen. Der Mut, sich meinem Kunden nicht anzubiedern und ihm klar die Meinung zu sagen, hatte sich ausgezahlt. Natürlich war es ein Risiko gewesen. Aber ein überschaubares. Wer öfter mit dem Toplevel zu tun hat, der weiß: Vorstände mögen es, wenn sich andere in ihrer Gegenwart trauen, klare Ansagen zu machen. Ich wünschte, mehr Mitarbeiter in Unternehmen könnten solche Erfahrungen machen. Sie würden lernen, dass es sich lohnt, mutig und authentisch aufzutreten. Niemand muss sich für einen Kunden »verbiegen«.

»Stopp, Herr Verweyen«, sagte da kürzlich der Vorstandschef einer Sparkasse zu mir, als ich ungefähr so argumentierte. »Das kann ja anderswo funktionierten, aber nicht bei uns. Ich habe keine Leute, die mutig und authentisch auftreten können. Meine Vertriebler verdienen 50 000 Euro im Jahr, tragen kurzärmelige Hemden und schlecht sitzende Anzüge und würden niemals gegenüber einem Milliardär souverän auftreten.« Da wollte ich wissen, warum er solche Leute überhaupt beschäftigt. »Fachkompetenz besitzen sie ja«, bekam ich zur Antwort. Na also, wo war das Problem? Dann bedeutete Authentizität gegenüber dem Kunden eben, fachlich kompetent aufzutreten. Außerdem seinen Job wirklich gut zu machen und immer erstklassig vorbereitet zu sein.

Niemand, der angstfrei verkaufen will, muss sich in einen Charmeur verwandeln, der mit Millionärsgattinnen auf Yachten Champagner trinkt. Es gilt, die eigenen Stärken zu erkennen und zu entwickeln. Wenn jemand dem Kunden einer Sparkasse in drei leicht verständlichen Sätzen erklären kann, was »Exchange Traded Funds« sind, dann kann er das meinetwegen auch im kurzärmeligen Hemd tun. Viel wichtiger als das Hemd oder die Erklärung ist, ob ETFs den Kunden überhaupt interessieren. Hat der Banker dem Kunden zugehört? Hat er intelligente Fragen gestellt? Hat er das wirkliche Bedürfnis des Kunden herausgefunden? Und ist sein Angebot darauf eine passende Antwort? Auf solche Dinge kommt es beim Verkaufen an.

TIPP

Das kürzeste Verkaufstraining der Welt

Stoppe endlich deinen Redeschwall, *stelle starke Fragen* und *fange an*, deinem Kunden *zuzuhören*.

Mache das Gespräch *lebendig und spannend*, sonst siehst du deinen Kunden nie wieder.

Lass *Bilder* entstehen, sei *kreativ* und konfrontiere den Kunden mit Dingen, die *neu* für ihn sind.

Lege deine Papiere weg und alles, was dich hindert, deinem *Kunden die volle Aufmerksamkeit* zu schenken.

Bohre so lange, bis du endlich *das wirkliche Bedürfnis deines Kunden* herausgefunden hast.

Höre auf, deinen Kunden überreden zu wollen, und *zeige Begeisterung für* ihn als *Menschen*.

Mache den *Nutzen* deines Angebots für den Kunden *glasklar* oder höre auf, ihn zu belästigen.

Beende ein Kundengespräch niemals ohne *konkrete Vereinbarung*.

Und jetzt: Los!

Angstfreiheit lässt sich trainieren. Am besten durch Mutproben. Authentizität kann man dagegen nicht wirklich lernen. Sie können sich lediglich trauen, authentisch zu sein. Wenn Sie beides sind – angstfrei und authentisch –, heißt das jedoch nicht, dass Sie nun wie von selbst verkaufen. Die *basic rules of selling* gelten nach wie vor (siehe »Das kürzeste Verkaufstraining der Welt«). Es ist wie bei einem muskulösen Schwimmer: Die starke Muskulatur ist die Voraussetzung dafür, dass jemand ein Weltklasseschwimmer sein kann. Das heißt jedoch nicht, dass jeder, der einen muskulösen Körper hat, deswegen automatisch ein Weltklasseschwimmer wäre. Ein Schwimmer muss auch die Technik perfekt beherrschen. Fürs Verkaufen bedeutet das: Überwinden Sie Ihre Angst, seien Sie mutig und authentisch. Aber lernen und beherrschen Sie auch Ihr Handwerk. Hüten Sie sich dafür, die Grundregeln des Verkaufens zu brechen.

> **Die Grundregeln des Verkaufens haben Bestand**

Das Verkaufen der Zukunft

Kennen Sie ihn noch, den »Hardseller«? Nachdem er sich morgens im Kraftraum gestählt hat, wirft er sich in Schale und fährt in seinem Mittelklassewagen mit Sportfahrwerk zum Kunden. Überholspur, Lichthupe, Blinker links – so fühlt er sich in seinem Element. Menschen interessieren ihn nicht. Ihn interessieren Umsatzzahlen. Um heute wieder maximal zu verkaufen, hat er sich seinen Gesprächsleitfaden bereits zurechtgelegt. Mit unverschämten Sprüchen wird er seinen Kunden sprachlos machen. Einwände wird er nicht gelten lassen, sondern wie mit der Axt zerlegen. Am Ende wird er wieder Sieger sein. Glaubt er. Kennen Sie noch so jemanden? Dann schauen Sie ihn sich noch einmal gut an. Er gehört zu einer aussterbenden Spezies. Fast möchte man ihn unter Artenschutz stellen.

> **Hardselling ist endgültig out**

»Hardselling« ist endgültig out. Für »Hardseller« geht es um das Verkaufen eines Produkts und nur darum. Ich habe schon vor über zehn

Jahren in meinem Buch *Der Verkäufer der Zukunft* beschrieben, wohin Verkäufer sich entwickeln werden: »vom Drücker zum Beziehungsmanager und Teamplayer«. In Zukunft werden wir schon wieder den nächsten Schritt erleben. Wer verkaufen will, muss nicht nur vernetzt arbeiten, dem Kunden zuhören, eine Beziehung zu ihm aufbauen und seine wahren Bedürfnisse kennen. Er muss zunehmend auch die Werte des Kunden kennen und teilen. Er muss in der Lage sein, mit dem Kunden und für den Kunden einen gemeinsamen Sinnhorizont zu erzeugen. Der Businessvordenker Philip Kotler beschreibt diesen Trend eindrucksvoll in seinem Buch *marketing 3.0.*

TIPP

Philip Kotler: Marketing 3.0

Der amerikanische Marketingprofessor Philip Kotler, nach einem Ranking des *Wall Steet Journal* einer der zehn einflussreichsten Businessdenker der Welt, hat 2010 in seinem Buch *marketing 3.0* ein neues Zeitalter in Marketing und Sales ausgerufen. Kotler zufolge wählen Verbraucher von heute zunehmend Produkte und Dienstleistungen, die ihre tieferen *menschlichen* Bedürfnisse befriedigen. Es geht um Werte, Kreativität, Gemeinschaftsgefühl und Idealismus. Wir erleben mehr und mehr bewusste, mit dem Internet vertraute Konsumenten, an denen altmodische Werbekampagnen abperlen.

Kotler unterscheidet Marketing 1.0 bis 3.0 wie folgt:

Marketing 1.0: Funktionale Massenprodukte. »Hardselling«.

Marketing 2.0: Emotionale Produkte. Kundenorientierung.

Marketing 3.0: Sinnvolle, nachhaltige Produkte. Werteorientierung.

Eine spätere Stufe schließt jeweils eine frühere mit ein. Sinnvolle Produkte sind also immer auch emotional und funktional.

Die Zukunft, von der hier die Rede ist, hat bereits begonnen. Noch vor fünf Jahren hat sich zum Beispiel kein Kunde von Apple dafür interessiert, wo und von wem die Hardware des Technologieriesen aus Cupertino produziert wird. »Designed by Apple in California. As-

Elsa Zaldívar aus Paraguay erhielt den »Rolex Award« für ein Fertighaus aus Recyclingmaterial, das den Armen in Lateinamerika ein festes Dach über dem Kopf ermöglicht.

sembled in China«, stand vielsagend auf der Rückseite jedes iPhones. Heute kennt jeder aufmerksame Zeitungsleser die taiwanesische Firma Foxconn, den größten Auftragsfertiger der Welt. In der chinesischen 12-Millionen-Stadt Shenzhen fertigt Foxconn unter anderem für Apple das iPhone. Nach einer Selbstmordserie unter den Arbeitern gerieten die Arbeitsbedingungen in den Fokus der internationalen Öffentlichkeit. Schließlich besuchte Apple-Chef Tim Cook im Frühjahr 2012 persönlich ein Foxconn-Werk in China. Er versprach den beunruhigten Apple-Kunden, sich für bessere Arbeitsbedingungen in der Fertigung einzusetzen.

Kunden wollen schon lange keine rein funktionalen Produkte mehr. Unsere Grundbedürfnisse sind gestillt. Kunden wollen, dass Produkte sie emotional berühren. Das gilt weiterhin, aber hinzukommt, dass die Emotionen jetzt auch hinterfragt werden. Wie steht es mit der Nachhaltigkeit? Ist irgendwo in der Wertschöpfungskette Kinderarbeit im Spiel? Ist die Firma, die dieses Produkt herstellt, ein fairer Arbeitgeber? Gemäß dem Trend zu Werten und Sinn vergibt zum Beispiel Rolex, der Schweizer Hersteller von Luxusuhren, einmal im Jahr den »Rolex Award for Enterprise«. Der Preis geht weltweit an Projekte, die, so das Unternehmen wörtlich, »Lebensumstände verbessern oder das Erbe der Natur oder Kultur bewahren« und damit »alle Aspekte der Menschlichkeit berühren«.

Wenn Sie den Kunden der Zukunft gewinnen wollen, dann gilt: Treten Sie nicht nur angstfrei und authentisch auf, sondern machen Sie auch deutlich, welche Werte für Sie zählen. Öffnen Sie sich, sprechen Sie über die Vision Ihres Unternehmens und darüber, was Ihnen persönlich wichtig ist und warum Sie gerne für Ihre Firma arbeiten. Immer mehr Menschen werden Ihnen aufmerksam zuhören – und ihre Kaufentscheidung genau davon abhängig machen.

MUTPROBE

Ihre sechste Mutprobe

Nehmen Sie Kontakt zu einem Prominenten auf und bitten Sie ihn um eine Grußbotschaft. Wählen Sie dazu vorher einen Adressaten für die Grußbotschaft aus. Das kann ein Kind sein, das Geburtstag hat und ein großer Fan des Promis ist. Oder ein Geschäftspartner feiert ein Jubiläum und Sie überraschen ihn mit dem Gruß. Oder in Ihrem Bekanntenkreis ist jemand krank oder hatte einen Unfall und freut sich über Genesungswünsche. Erklären Sie dem Prominenten bzw. seinen Mitarbeitern, wer der Empfänger der Grußbotschaft sein wird und was der Anlass ist. Für diese Mutprobe biete ich Ihnen wieder drei Schwierigkeitsgrade an:

Stufe 1: Sie begnügen sich mit Lokalprominenz: Bürgermeister, Kapitän einer Sportmannschaft der Regionalliga, Volksschauspieler.

Stufe 2: Sie sprechen eine in ganz Deutschland bzw. Österreich oder der Schweiz bekannte Persönlichkeit an: Popsänger, Filmschauspieler, Fernsehkoch.

Stufe 3: Eine weltweit bekannte Persönlichkeit muss es für Sie schon sein. Also ran an die Büros bzw. Agenten von Angelina Jolie, Karl Lagerfeld oder Bill Clinton …

SIEBTE MUTPROBE

Zielbewusst verhandeln

Warum bringen harte Verhandlungen mehr als angenehme?
Weshalb steht der Konsens am Schluss und nicht am Anfang?
Welche Fragen sollten Sie Ihrem Verhandlungspartner stellen?
Warum lohnt es sich, immer freundlich zu bleiben? Was tun
Sie, wenn jemand Sie unter Druck setzen will? Erwarten Sie
Antworten. Und machen Sie sich bereit für die siebte Mutprobe.

Der Mann drehte total durch. Er lief knallrot an, schrie nur
noch und gestikulierte wild. Dann verließ er den Konferenzraum und knallte die Tür dermaßen hinter sich zu,
dass sie unten an der Rezeption wahrscheinlich zur Decke
geschaut haben. Dieser Mann war Asiate. Koreaner, um
genau zu sein. Ihm verdanke ich die härteste Verhandlung
meines bisherigen Lebens. Dabei hatte alles angefangen wie
ein Routinetermin: Automotive, eine für Berater relativ bere-
chenbare Branche. Ein nüchternes Bürogebäude in Norddeutschland. Meine Mitarbeiter und ich waren sehr gut vorbereitet. Einziges
Handicap war die Verhandlungssprache Englisch. Darin fühle ich mich
nie so souverän wie in meiner Muttersprache.

Wir wollten den koreanischen Geschäftsführer mit unserem Bera-
tungsansatz vertraut machen. Über Preise mochten wir ursprünglich

> **Die härteste
> Verhandlung
> meines Lebens**

gar nicht reden, das sollten später die Einkäufer mit uns aushandeln. Doch aus dem Umfeld des Geschäftsführers kam die Bitte: »Zeigen Sie ihm kurz auch eine Folie mit den Preisen. Dann können Sie gleich weitermachen.« Wunschgemäß machte ich es während der Präsentation genau so. Zwischendrin kam eine Folie mit unserem Preisangebot. Ich sagte kurz einen Satz dazu und klickte weiter. Und der Koreaner? Er befahl: »Back to the former slide, please!« Kommando zurück, die Folie mit den Preisen bitte noch mal! Er schaute auf die Zahlen und sagte dann trocken: »Too expensive for us.«

Ich musste schmunzeln. Denn ich hielt es zunächst für einen Gag. Nicht zum ersten Mal verhandelte ich mit Asiaten. Mir war klar, dass sie andere Spielchen spielen als Europäer. Ich glaubte aber, diese Spiele und Rituale im Großen und Ganzen zu kennen und darauf vorbereitet zu sein. Doch was sollte das jetzt? Der sagt hier einfach »zu teuer«? Wir hatten die Tagessätze knapp kalkuliert und lagen deutlich unter dem Branchendurchschnitt. Ich schlug dem Geschäftsführer vor, dass wir über Preise später sprechen sollten. »No, now!«, hörte ich daraufhin. Der Geschäftsführer stand auf, ging zum Flipchart und schrieb zwei Zahlen an. Unseren Tagessatz. Und seinen Wunschpreis, der um exakt ein Drittel niedriger lag. Als der Mann an meiner Reaktion erkennen konnte, dass dieser Preis für uns nicht darstellbar war, bekam er den bereits geschilderten Tobsuchtsanfall. Dann war er draußen und es herrschte Schweigen im Raum.

»Der kommt wieder«, meinte einer der Mitarbeiter meines Verhandlungspartners, nachdem er sich vom Schrecken erholt hatte. Sollte das eine Beruhigung sein oder eine Drohung? Auf beiden Seiten des Verhandlungstischs waren alle vollkommen fertig. Der vermeintliche Routinetermin war zur Mutprobe geworden. Wie sollte es jetzt weitergehen?

Konsens als Ergebnis, nicht Ausgangspunkt

Haben Sie schon einmal eine Bewerbung bekommen, in der es hieß: »Besonders freuen würde ich mich über harte Verhandlungen an meinem neuen Arbeitsplatz. Zähe Preisverhandlungen zählen zu meinen größten Stärken.« Ich kann mich an keine solche Bewerbung erinnern. Sie hätte mich auch ziemlich überrascht. Sind Kaltakquisition und Verkaufsgespräche für viele Mitarbeiter schon angstbesetzt, so dürfen Sie davon ausgehen, dass Verhandlungen über Angebote, Preise oder Vertragsmodalitäten zu den ultimativen Mutproben im Business zählen. Woran liegt das?

Schmerzpunkt Verhandlung

Zunächst einmal leben wir heute ganz allgemein in einer Konsensgesellschaft. Im deutschsprachigen Raum, aber beispielsweise auch in den Beneluxländern oder in Skandinavien, ist sie besonders stark ausgeprägt. Anders als die US-Amerikaner, die Konfrontation und Kampf durchaus anspornend finden, wollen wir uns möglichst schnell einig sein. Außer vielleicht im Sport schätzen wir das beruhigende Gefühl, wenn niemand gegen den anderen antritt. Sogar in der Politik, wo naturgemäß gegensätzliche Interessen artikuliert werden müssen, kommt zu viel Parteienstreit beim Wähler schlecht an.

Trotzdem können wir Interessengegensätzen nie ganz aus dem Weg gehen. Im Unternehmenskontext äußert sich das beispielsweise in Verhandlungen mit Kunden. Wir müssen uns nun einmal auf einen Preis oder eine bestimmte Vertragsgestaltung einigen. Nicht jeder Vorschlag ist auf Anhieb für alle Seiten günstig. Da muss man überlegen, ob man Zugeständnisse macht oder hart bleibt. Oder hier das eine und dort das andere tut. So etwas ist in unserer Konsensgesellschaft vielen Menschen unangenehm. Auch deshalb haben in den vergangenen Jahren sogenannte Verhandlungskonzepte Furore gemacht. Sie wollen mit erlernbaren Methoden jederzeit den fairen Konsens ermöglichen. Diese Aussicht nimmt vielen die Angst vor dem Verhandeln.

> »Alle Kriege enden mit Verhandlungen. Warum also
> nicht gleich verhandeln?« JAWAHARAL NEHRU

Die wahrscheinlich bekannteste Verhandlungsmethode ist das »Harvard-Konzept«. Dieser Ansatz wurde an der Harvard Law School entwickelt und erstmals 1981 von Roger Fisher und William Ury vorgestellt. Seitdem ist die Methode immer wieder verfeinert und in unzähligen Büchern propagiert worden. Im Kern geht es darum, statt eines klassischen Kompromisses die mittlerweile fast sprichwörtliche »Win-win-Situation« zu erzielen. Es soll eine konstruktive und friedliche Einigung erzielt werden, bei der am Schluss alle das Gefühl haben, als Gewinner dazustehen. Dazu kommt es insbesondere darauf an, Sachebene und Beziehungsebene zu trennen und die guten menschlichen Beziehungen der Parteien unbedingt zu erhalten. Auch gilt es, stets mehrere Optionen zu eröffnen, damit sich niemand in einer Zwangslage fühlt.

Ich habe überhaupt nichts gegen das Harvard-Konzept und ähnliche, konsensorientierte Methoden. Ganz im Gegenteil. Ich habe jedoch die Beobachtung gemacht, dass eine Reihe von Mitarbeitern in Unternehmen diese Ansätze offensichtlich missverstehen. Weil sie wissen, dass am Ende der Verhandlung der Konsens und eine Win-win-Situation stehen sollen, machen sie sich bereits *vor* der Verhandlung *selbst* Gedanken, wie der Konsens aussehen könnte. Das ist ungefähr so, als würde ein Gast in einem Lokal sich nicht trauen, einen Chablis zu bestellen, weil er denkt: Den haben sie hier sowieso nicht. Deshalb bestellt er lieber gleich einen Pinot Grigio. Richtig wäre doch, den Chablis zu bestellen, auf den man Lust hat, und erst, wenn der Kellner passen muss, mit diesem gemeinsam nach einer Alternative zu suchen.

Immer wieder beobachte ich, wie Menschen offensichtlich schon mit dem möglichen Konsens als Ziel in Verhandlungen gehen. Beim geringsten Widerspruch des Verhandlungspartners knicken sie ein und kommen dem Gegenüber maximal entgegen. Manchmal scheint es, als ob ihr Gegenüber selbst Grundüberzeugungen widerstandslos abräumen dürfte. Das finde ich mutlos. Ich sage hier deutlich: Es gehört Mut dazu, in der heutigen Zeit wieder härter zu verhandeln. Gerade *weil* am Schluss die Win-win-Situation stehen soll – die ich genauso will wie jeder andere auch –, muss jeder zunächst seine Ziele im Blick haben und auch an ihnen dranbleiben. Sonst sind die vermeintlichen

Fragen Sie im Lokal nach dem Wein, den Sie gerne möchten? Oder nach dem, von dem Sie glauben, er könnte vorrätig sein?

Win-win-Situationen am Ende doch nur faule Kompromisse. Und die will ja auch das Harvard-Konzept überwinden!

Als der Koreaner den Konferenzraum verlassen hatte, wollte ich mir keinesfalls die Butter vom Brot nehmen lassen. Doch wie sollte es nach dieser vollständigen Entgleisung weitergehen? Eines war klar: Freundlich bleiben. Das gilt für jede Verhandlung. Selbst wenn der andere ausrastet und einem der Puls rast, bleibt Höflichkeit oberstes Gebot. Andernfalls setzen Sie sich selbst ins Unrecht. Und da kann Sie auch die Sandkasten-Argumentation »Der andere hat aber angefangen!«

nicht mehr retten. Von außen betrachtet haben sich dann beide Seiten schlecht benommen. Deshalb werden Sie in jedem Fall mitverantwortlich für das Scheitern einer Verhandlung sein, wenn Sie sich nicht beherrschen können.

»Keine Angst vor dem Smart Shopper«

In meinem gleichnamigen Buch habe ich vor über zehn Jahren Tipps gegeben im Umgang mit Kunden, die immer das Beste zum günstigsten Preis verlangen. Hier sind drei Methoden, die nicht nur beim »Smart Shopper« helfen, sondern bei jeder harten Preisverhandlung:

Preisvorstellungen hinterfragen

Was genau ist die Preisvorstellung Ihres Kunden? Wenn er Ihre Preise zu hoch findet, muss er ja andere Vorstellungen haben. Welche sind das und wie kommt er darauf? Lassen Sie Ihr Gegenüber Farbe bekennen. Will der Kunde es »einfach irgendwie billiger«? Dann kommt er jetzt in Erklärungsnot.

Gegenleistungen für Zugeständnisse verlangen

Sie können jedem Kunden beim Preis entgegenkommen. Aber was ist die Gegenleistung des Kunden? Eine längere Vertragslaufzeit im Gegenzug für einen günstigeren Preis sind inzwischen sogar Privatkunden gewohnt. Aktivieren Sie das natürliche Bedürfnis des Menschen nach Geben und Nehmen in Balance.

Servicebausteine aufbröseln

Die »Service-Aufbröselstrategie« zielt darauf, dem Kunden während der Verhandlung klarzumachen, was er für sein Geld alles bekommt. Von Kundenseite wird vieles gar nicht beachtet oder als selbstverständlich vorausgesetzt, was Sie als Anbieter Zeit und Geld kostet. Also: Kommunizieren Sie Ihren gesamten Service, denn sonst tut es niemand.

Ich atmete tief durch und sagte mir innerlich: Ich bleibe freundlich, egal, was mein Verhandlungspartner als Nächstes macht. Ich lasse mich nicht erschrecken und nicht unter Druck setzen. Soweit die defensive Seite, das Stärken der eigenen Grenzen. Die eigentliche Mutprobe ist für mich die offensive Seite. Gehe ich in einer solchen haarsträubenden Verhandlungssituation nur in Deckung? Warte ich passiv ab, bis der andere möglicherweise noch einmal nachlegt? Oder ergreife ich gerade jetzt mutig die Initiative? Falls ich mich traue, das Heft des Handelns wieder in die Hand zu nehmen, brauche ich einen Plan.

Zum Glück erinnerte ich mich genau in dem Moment, in dem der Geschäftsführer zurück in den Konferenzraum kam – übrigens mit normaler Gesichtsfarbe –, an ein Buch, das ich einmal selbst veröffentlicht hatte. Es hieß *Keine Angst vor dem Smart Shopper*. Der »Smart Shopper« wurde Ende der Neunzigerjahre entdeckt und war schnell in aller Munde. Er ist eine Mischung aus Schnäppchenjäger und Premiumkunde und will stets das Beste zum günstigsten Preis. So wurde er damals zum Schrecken der Verkäufer. Mein Buch brachte mich nicht nur in die Wirtschaftspresse, sondern verhalf mir sogar zu einem Auftritt beim Privatsender RTL. Noch heute zitiert das Onlinelexikon Wikipedia meine Veröffentlichung als wichtigste Quelle zum Thema »Smart Shopper«. Kurzum: Ich hatte mich als Autor intensiv mit schwierigen Verkaufssituationen befasst. Jetzt konnte ich herausfinden, ob meine eigenen Tipps den Härtetest bestehen würden!

Ich begann also, getreu meiner Methode, die Preisvorstellung meines Gegenübers sachlich zu hinterfragen. Wie kam er gerade auf diesen Preis, der ein Drittel unter unserem Angebot lag? Was genau bedeutete dieser Preis für ihn? Wenn der Geschäftsführer den unrealistischen Preis nur verlangt hat, um seine Macht zu demonstrieren und uns zu demütigen, dann kommt er jetzt bereits in Schwierigkeiten. Er muss Farbe bekennen. Und er muss rational argumentieren, was es ihm sehr schwermacht, einen weiteren Tobsuchtsanfall zu inszenieren. Im zweiten Schritt fragte ich ihn nach einer möglichen Gegenleistung für den Fall, dass wir unser Angebot doch noch verändern würden. Würde er beispielsweise ein bestimmtes Beratungs- und Trainingskontingent fest abnehmen? Schließlich ver-

Methoden sind wichtig – Mut ist entscheidend

suchte ich es parallel noch mit der »Service-Aufbröselstrategie« und erklärte ihm haarklein jede Einzelleistung, die er für den Tagessatz erhalten würde.

Am Ende dieser härtesten Verhandlung meines Lebens stand eine Einigung über den Preis, mit der beide Seiten zufrieden waren. Ich verließ das Firmengebäude mit durchgeschwitztem Hemd unter dem Anzugjackett und musste erst einmal tief durchatmen. Meinen Mitarbeitern ging es genauso. Rückblickend glaube ich nicht, dass meine Methoden aus dem Buch über den »Smart Shopper« die Verhandlung gerettet haben. Diese Tipps sind sicher nützlich. Wichtiger als die beste Methode war jedoch nach meiner Überzeugung der Mut. Der Mut, bei meinen Zielen zu bleiben und mich nicht erschrecken zu lassen. Der Mut, nicht umzufallen. Schließlich der Mut, gerade dann aktiv zu werden und die Initiative zu ergreifen, wenn ich mich am liebsten hinter der Wandverkleidung versteckt hätte. Wer diesen Mut hat, der setzt sich den Erfolg als Ziel und nicht nur einen Teilerfolg. Mit dem Wissen, dass es immer einen Weg gibt: den Weg zu einem Ergebnis, das für beide Seiten tragbar ist.

Verhandeln mit mutigen Fragen

Plötzlich die entscheidende Frage

In der härtesten Verhandlung meines bisherigen Lebens brachten Fragen die entscheidende Wende. Ich fragte den Koreaner, wie er auf diesen niedrigen Preis komme und was dieser Preis für ihn bedeute. Von da an kam die Verhandlung wieder in Fahrt. An dem Satz »Wer fragt, führt« ist etwas Wahres dran. Wer fragt, wartet zumindest nicht passiv ab, sondern schlägt eine Richtung ein. »Wer fragt, führt« sollte lediglich nicht zu dem Fehler verleiten, die Kontrolle über ein Gespräch erringen zu wollen – so wie es in windigen Verkaufstrainings gelehrt wird. Intelligente und mutige Fragen treiben das Gespräch im Sinne Ihrer Zielsetzung voran. Nicht mehr, aber auch nicht weniger.

Ganz früh in meiner Karriere habe ich einmal mit einer Frage eine Verhandlung gerettet. Dabei hätte ich nach Business-Knigge den Mund halten müssen. Ich war als junger Betriebswirt von nicht einmal 25 Jahren bei meinem ersten Beratungsunternehmen in Düsseldorf. Der älteste und erfahrenste Berater der Firma nahm mich mit zu einer Verhandlung bei einem Hersteller von Heizungsanlagen im Raum Stuttgart. Es war warm, wir fuhren in seinem VW Passat ohne Klimaanlage und die Fahrt zog sich endlos hin. Mir war die Fahrtzeit recht, denn von diesem Mann konnte ich im Gespräch unendlich viel lernen. Er fuhr zwar dieses Rentnerauto und band seine Krawatten mit faustdickem Knoten und viel zu kurz, was mich aufregte, aber im Business machte ihm niemand mehr etwas vor.

In der Verhandlung mit dem Geschäftsführer des Heizungsherstellers ging es um einen Auftrag über einige hunderttausend Mark. Der Seniorberater erklärte in aller Ruhe, was unsere Firma vorhatte. Er holte weit aus, ging zum Flipchart, malte dort etwas an und erzählte, während er dem Kunden den Rücken zuwandte. Obwohl ich überhaupt keine Erfahrung mit Verhandlungen hatte, sagte mir mein Instinkt, dass etwas nicht stimmte. Der Kunde wurde immer unruhiger, während mein Mentor redete und redete und redete. Es war klar, dass das hier gerade in die Hose ging. In meinem Kopf rotierte es. Die strenge Stimme des Verstandes sagte die ganze Zeit: Du bist zu jung. Du darfst hier nicht eingreifen. Du musst still sitzen bleiben und abwarten.

»Wohin wollen Sie sich eigentlich mit Ihrer Firma entwickeln?« Diese Frage an den Geschäftsführer war aus mir herausgeplatzt. Irgendwie hatte es Klick gemacht. Ich konnte selbst kaum glauben, dass ich diesen Satz nicht nur gedacht, sondern laut gesagt hatte. Mein Mentor unterbrach seinen Monolog. Eine quälende, kaum erträgliche halbe Minute des Schweigens entstand. Dann schaute mich der Geschäftsführer an und sagte: »Das ist eine interessante Frage.« Und jetzt hielt *er* den Monolog. Rund zwanzig Minuten lang erklärte er uns die Vision für seine Firma, für die er Unterstützer brauchte. Danach fragte er uns nur noch: »Wann starten wir?« Er akzeptierte unser Angebot und unterschrieb den Vertrag.

Fragen über Fragen ...

Es gibt unterschiedliche Arten von Fragen, die Verhandlungen dem Ziel näher bringen. Hier sind einige der wichtigsten Kategorien:

Fragen zum Status quo
Wo stehen Sie jetzt? Wie denken Sie über die aktuelle Situation Ihres Unternehmens?

Fragen zu Zielen, Plänen und Visionen
Wohin wollen Sie sich entwickeln? Was ist Ihre Vision?

Fragen zur Umsetzbarkeit
Wie wollen Sie dieses Ziel erreichen? Welche Milestones sehen Sie?

Fragen zu Bedingungen
Welche Voraussetzungen müssen erfüllt sein? Was sind die größten Hindernisse?

Fragen zum Wettbewerb
Mit wem außer uns sprechen Sie noch? Welche anderen Produkte gefallen Ihnen besonders gut?

Fragen zur Beziehungsebene
Welchen Eindruck haben Sie im Gespräch bisher gewonnen? Was ist Ihre größte Erwartung an mich?

Wir saßen kaum im Auto, da entschuldigte ich mich in aller Form bei meinem Mentor. Mir sei klar, dass ich ihn nicht hätte unterbrechen dürfen. Ich hätte mich nicht unter Kontrolle gehabt. Der Seniorberater schüttelte den Kopf. »Sie brauchen sich nicht zu entschuldigen«, meinte er. »Ich hatte heute einen schlechten Tag. Sie haben es wahrscheinlich gerettet.« Mein Mentor besaß die Souveränität, die ganze Geschichte detailgetreu unserem Chef zu erzählen. Dieser kam zu mir, um sich zu bedanken. Und weil er nicht nur als Redner große Gesten liebte, fügte er hinzu: »Das ist jetzt Ihr Kunde.«

Zugegebenermaßen fühlte ich mich daraufhin wie der Allergrößte in der Geschäftswelt von Düsseldorf. Ich erlebte in dem Beratungsprojekt aber schnell eine Reihe von Situationen, die mich nicht mehr so gut aussehen ließen und zurück auf den Teppich holten. Trotzdem lernte ich für mein restliches Berufsleben, die Kraft der Frage in Verhandlungen zu schätzen. Eine mutige Frage stellen und dann die unangenehme Minute des Schweigens aushalten, die darauf folgt – das hat in meiner Karriere schon oft zu Durchbrüchen geführt. Der Gesprächspartner kann jetzt nicht mehr ausweichen, sondern muss zur Sache kommen. Nicht alle Fragen sind dabei gleich zielführend. Für mich haben sich vor allem drei Kriterien für mutige Verhandlungsfragen herauskristallisiert.

Erstens stellen mutige Fragen den Gesprächspartner in den Mittelpunkt und geben ihm Raum, sich selbst darzustellen. Verhandlungspartner sind schnell frustriert, wenn sie etwas loswerden möchten, aber keine Gelegenheit dazu bekommen. Wer sich darstellen kann, fühlt sich gut und kommt in eine positive Stimmung, die Großzügigkeit erlaubt. In festgefahrenen Verhandlungen gilt außerdem: Je länger jemand redet, desto leichter verstrickt er sich in Widersprüche. Wer diese Widersprüche aufgreift, untergräbt die Blockadehaltung des anderen. Die härtesten Verhandler reden selbst so wenig wie möglich und lassen lieber den anderen sprechen, um an Informationen zu kommen. Mutige Fragen fordern zweitens die Meinung des anderen heraus. Wie tickt mein Gesprächspartner wirklich? Das soll er mir bitte erzählen. Dann verstehe ich ihn besser und weiß auch, was ich ihm anbieten kann, damit er zufrieden ist. Drittens zielen mutige Fragen auf eine Meta-Ebene. Sie leiten weg vom Klein-Klein und lenken die Aufmerksamkeit auf das, worauf es wirklich ankommt. Eine der größten Gefahren bei Verhandlungen besteht darin, sich über Details immer mehr zu entzweien, obwohl man sich über die großen Linien längst einig ist und den Rest auf später vertagen könnte. Fragen führen weg von den Nebengleisen und auf die Hauptstrecke zum Ziel. Doch das Allerwichtigste ist: nach der Frage erst einmal den Mund halten und zuhören.

> **Mutige Fragen stellen den anderen in den Mittelpunkt und fordern Meinungen**

»Verhandeln am Limit«

Lernen von Verhandlern in Extremsituationen

Der ehemalige Polizist Wolfgang Bönisch gibt seit einigen Jahren als Trainer sein Wissen über das »Verhandeln am Limit« weiter. Während seiner Polizeilaufbahn hat Bönisch Verhandlungen geführt, bei denen noch wesentlich mehr zu verlieren war als Aufträge über mehrere hunderttausend Euro. Lebensmüde standen auf Hochhausdächern und wollten springen. Geiselnehmer drohten ihre Opfer zu töten. Schwerverbrecher verschanzten sich mit Sprengstoff und hielten die Zündschnur bereits in der Hand. Wie verhandelt man, wenn der Verhandlungspartner jeden Moment sich selbst und andere umbringen könnte? Von den mutigen Verhandlungen, wie sie Bönisch und andere Elitepolizisten seit Jahren immer wieder führen, kann man auch fürs Business einiges lernen.

Für mich war die wichtigste Erkenntnis aus der Beschäftigung mit Polizeitaktik in Extremsituationen: Topverhandler nehmen immer Personen beziehungsweise Motive in den Fokus. Das Thema, um das es vordergründig geht, interessiert sie überhaupt nicht. Sie blenden es geradezu aus, denn sie wollen an den Täter und dessen Motivationsstruktur heran. Ein Polizei-Verhandler interessiert sich also nicht für die radikalen Ansichten eines politischen Terroristen. Sondern er will herausfinden, warum sich dieser Mensch solche extremen Ansichten überhaupt zu Eigen gemacht hat. Er interessiert sich auch nicht dafür, wie viel Geld ein Erpresser fordert. Sondern er will wissen, warum dieser Mensch dieses Geld so dringend haben will, dass ihm dazu jedes Mittel recht ist.

Je nachdem, ob ein Täter endlos frustriert ist, unbedingt reich werden möchte oder sich selbst aufgegeben hat – um nur einige Beispiele zu nennen –, ist eine andere Verhandlungstaktik nötig. Der Polizei-Verhandler wird sich also zunächst Zeit nehmen, um herauszufinden, in was für eine Kategorie der Täter gehört. Dabei muss er den Mut haben, die drohende Gefahr völlig auszublenden, und sich ganz auf den Dialog einlassen. Je besser er weiß, was die Motive des Täters sind und wie seine Gefühlslage ist, desto mehr wird er seine Wortwahl

shutterstock.com/Kiselev Andrey Valerevich

Wie würden Sie mit einem Geiselnehmer verhandeln?

anpassen. Bei dem Frustrierten zum Beispiel wird er Schlüsselwörter vermeiden, die seinen Frust noch vergrößern und zur Eskalation der Situation führen könnten. Stattdessen greift er zu »Key Words«, die den Täter »abholen«, wo er innerlich steht.

Aus demselben Grund warnt die Polizei übrigens Bürger, die Zeuge von Gewalt oder Vandalismus im öffentlichen Raum werden, eindringlich davor, auf eigene Faust einzugreifen. Wer nicht weiß, warum sich ein Täter auffällig verhält, kann schon mit einem einzigen falschen Wort eine Eskalation auslösen. Angenommen, ein Jugendlicher raucht verbotenerweise auf dem Bahnsteig der U-Bahn. Er hat ein extremes Autoritätsproblem und ein massiv gestörtes Selbstwertgefühl. Jetzt kommt ein Rentner auf ihn zu und sagt: »Rauchen ist hier verboten!« Das kann der Jugendliche im Extremfall als eine Kränkung seines Selbstwerts empfinden, die das Fass zum Überlaufen bringt und ihn sofort zuschlagen oder mit einem Messer zustechen lässt. Es kann

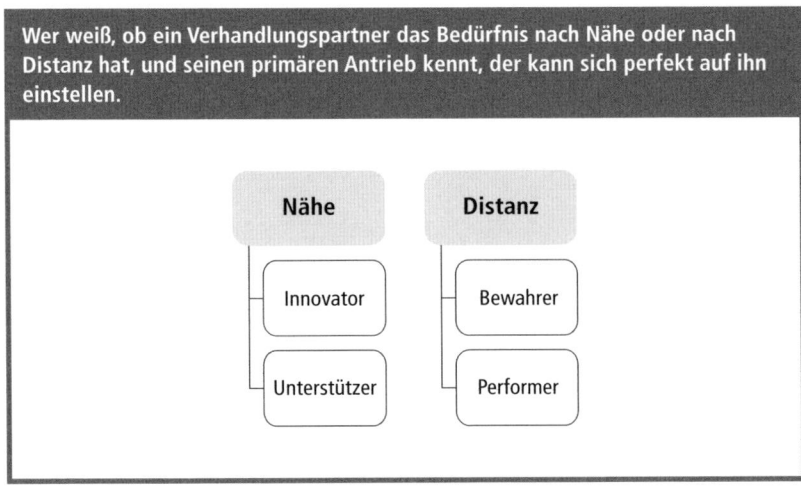

Wer weiß, ob ein Verhandlungspartner das Bedürfnis nach Nähe oder nach Distanz hat, und seinen primären Antrieb kennt, der kann sich perfekt auf ihn einstellen.

aber auch sein, dass er irgendetwas nuschelt und die Zigarette ausmacht. Es kommt darauf an, was in seinem Inneren los ist. Die äußere Situation gibt darüber keinen Aufschluss.

> »Wir müssen immerfort Deiche des Mutes bauen gegen die Flut
> der Furcht.« MARTIN LUTHER KING

Was ist die Motivstruktur Ihres Gegenübers?

Für Verhandlungsrunden im Business kann jeder vom »Verhandeln am Limit« lernen, sich nicht zu sehr auf das Thema und die äußeren Bedingungen zu fixieren, sondern die Motivstruktur des Gegenübers zu erkennen und sich darauf einzustellen. Ein Psychologe, der für meine Firma als Trainer arbeitet, hat ein ebenso einfaches wie schlüssiges Modell entwickelt, mit dem sich Verhandlungspartner in vier Kategorien einteilen lassen. Zunächst haben Menschen entweder mehr das Bedürfnis nach Nähe oder das Bedürfnis nach Distanz. Achten Sie also auf verbale und körpersprachliche Signale, die erkennen lassen, ob jemand Nähe sucht oder eher auf Abstand gehen will.

Unter den Personen, die Nähe suchen, gibt es zunächst den *Innovator*, der sich schnell von anderen Menschen für Neues begeistern lässt.

Dann den *Unterstützer*, der gerne Dinge voranbringt und anderen hilft. Haben Sie es mit einem typischen Innovator zu tun, dann machen Sie ihm durch Wortwahl und Bilder Lust, Neuland zu betreten und Neues auszuprobieren. Der Unterstützer mag es dagegen schlicht und will wissen, wo der Nutzen liegt. Den *Bewahrer* auf der Seite der Distanz werden Sie mit allzu kreativen und innovativen Vorschlägen garantiert abschrecken. Auch den *Performer* interessiert weniger, wie innovativ ein Vorschlag ist. Er will effiziente und Erfolg versprechende Lösungen sehen.

Hier noch einmal die Hauptmotive unterschiedlicher Gesprächspartner im Überblick:

Verhandlungstyp	Hauptmotiv
Innovator	Neuheit
Unterstützer	Einfachheit
Bewahrer	Sicherheit
Performer	Erfolg und Effizienz

Dies ist nur eines von mehreren möglichen Modellen, mit denen sich arbeiten lässt, um Verhandlungspartner besser zu verstehen und ihnen auf einer tieferen Ebene gerecht zu werden. Wichtig ist nicht das Modell. Wichtig ist, sich überhaupt voll auf den jeweiligen Menschen einzulassen und nicht bloß einen Geschäftsvorfall im Blick zu haben. Mutige Fragen sind auch hier der beste Weg, um den anderen näher kennenzulernen. Je mehr ich über den anderen weiß, desto stärker bin ich in der Verhandlung.

Erfolgsfaktor Ich-Präsenz

Vollgas auf der Straße, Vollbremsung beim Kunden

Morgens ein Termin, nachmittags ein Termin und wenn's geht auch gerne noch welche dazwischen. Der Mann am Lenkrad war kein großer Freund des Tempolimits auf deutschen Bundesstraßen. Ich saß auf dem Beifahrersitz, um ihn bei seiner Mission zu unterstützen. Diese Mission hieß: nachverhandeln. Das Unternehmen, für das der Ingenieur arbeitete, stellte Maschinen zur Papierverarbeitung her. Die Kunden waren hauptsächlich Mittelständler und oft abseits der großen Städte ansässig. Sie hatten um die 1 000 000 Euro für jede der Maschinen ausgegeben. Inzwischen war den Entwicklern beim Hersteller aber aufgefallen, dass sie an einer entscheidenden Stelle eine Möglichkeit für besseren Output vergessen hatten. Also hatten sie ein Zusatzmodul entwickelt. Sämtliche Kunden sollten nun mit diesem Zusatzmodul versorgt werden und dafür weitere 20 000 Euro bezahlen.

Der Vertriebschef war davon ausgegangen, dass es überhaupt kein Problem sein würde, von Kunden, die bereits eine Million Euro ausgegeben hatten, noch einmal 20 000 Euro zu verlangen. Und genau da hatte er sich mächtig verschätzt. Die Kunden hatten offenbar weder Lust, weiteres Geld auszugeben, noch, jemanden an ihren Maschinen herumfummeln zu lassen. Die Maschinen taten ihren Dienst – und damit waren die Kunden offenbar zufrieden. Ich sollte nun mit dem Ingenieur mitfahren, um herauszufinden, warum sich fast niemand überzeugen ließ, das Zusatzmodul einbauen zu lassen.

Meine Top Ten der Verhandlungstipps

Über die Jahre hatte ich immer wieder mit Topverhandlern sowie erfahrenen Trainern zum Thema Verhandlung zu tun. Stets habe ich mir ihre besten Tipps erzählen lassen, diese notiert und archiviert. Hier sind meine persönlichen Top Ten:

Platz 10: Hunger ist schlecht. Bitte satt verhandeln.
Wer Hunger hat, dem knurrt nicht nur der Magen, sondern der wird auch schnell nervös. Dann will er nur noch raus aus der Verhandlung und etwas essen. Wer gut gegessen hat, hält lange durch und behält sein Ziel im Blick.

Platz 9: Zeitdruck ist schlecht. Nehmen Sie sich Zeit.
Wer unter Zeitdruck steht, weil er beispielsweise in drei Stunden wieder am Flughafen sein muss, verhandelt schlecht. Halten Sie sich Folgetermine und Rückreise vollkommen flexibel und schauen Sie während einer Verhandlung am besten niemals auf die Uhr.

Platz 8: Bleiben Sie hart – auch gegen sich selbst.
Bewahren Sie in jedem Fall Ihren Fokus. Lassen Sie sich durch nichts ablenken und wechseln Sie vor allem nicht in die Perspektive Ihres Verhandlungspartners. Dessen Ziel ist nicht identisch mit Ihrem Ziel.

Platz 7: Machen Sie sich Notizen.
Schreiben Sie in jedem Fall mit. Es ist nicht wichtig, ob Sie Ihre Notizen jemals wieder hervorholen. Sondern es kommt darauf an, dem anderen zu signalisieren, dass Sie voll konzentriert sind und alles aufnehmen, was er sagt.

Platz 6: Werden Sie nicht emotional. Setzen Sie Emotionen ein.
Bleiben Sie gelassen und lassen Sie sich nicht von Emotionen zu Äußerungen verleiten, die Sie bereuen könnten. Setzen Sie stattdessen Emotionen bewusst ein. Etwa mit Sätzen wie: »So geht es nicht weiter!«

Platz 5: Kontern Sie Konfrontation mit Freundlichkeit.
Bleiben Sie immer höflich und lassen Sie sich nicht zu Äußerungen unter der Gürtellinie hinreißen. Werden Sie provoziert, sagen Sie sich innerlich: Da mache ich nicht mit. So gehen Sie stets erhobenen Hauptes aus der Verhandlung. ▶

Platz 4: Hören Sie gut zu und lassen Sie den anderen ausreden.

Für Verhandlungen gilt die Formel »ZDR« – Zuhören, Denken, Reden. In dieser Reihenfolge, bitte. Je weniger Sie selbst reden und je mehr der andere von sich preisgibt, desto besser für Ihre Position.

Platz 3: Machen Sie immer eine Agenda.

Es ist verblüffend, wie oft vergessen wird, glasklar zu definieren, über was sich Gesprächspartner bei einem Termin einigen wollen und was das Ziel ist. Legen Sie das vor der Verhandlung stets genau fest.

Platz 2: Nach harten Verhandlungen: »sieben positive Interaktionen«.

Sorgen Sie nach jeder kontroversen Verhandlung dafür, dass die Beziehungsebene wieder ins Lot kommt. Richtwert sind sieben positive Kontaktpunkte, die Sie nach schwierigen Verhandlungen fest einplanen.

Platz 1: Wichtiges ausschließlich Face to Face.

Telefon- und Videokonferenzen, Chats und E-Mail sind großartige Hilfsmittel. Aber nicht, wenn es wichtig ist. Dann muss man sich persönlich treffen. Diesen Tipp zu beherzigen kostet am meisten Zeit, Geld – und Überwindung. Deshalb ist er meine Nummer eins.

Routiniert parkte der Ingenieur vor einer gesichtslosen Firmenzentrale, nahm seinen Pilotenkoffer und machte sich auf den Weg zum Einkäufer. Nach kurzer, freundlicher Begrüßung holte er seinen Laptop hervor und öffnete Powerpoint. Innerhalb von rund 15 Minuten klickte er sich durch 50 Folien! Technische Details des Moduls, Installation, Wartung und so weiter. Dann lehnte er sich zurück und erwartete offensichtlich die Bestellung. Ich war fassungslos. »Danke«, sagte der Einkäufer. »Wir werden das besprechen.« Handshake und »Auf Wiedersehen«.

»So mache ich das immer«, sagte der Ingenieur, als wir wieder im Auto saßen und über die Landstraße zum nächsten Termin donnerten. »Mann, war das schlecht!«, erwiderte ich. Aber er verstand überhaupt nicht, warum. Ich redete auf ihn ein, er solle die technischen Details weglassen. »So kann ich nicht arbeiten«, war seine Antwort. Schließlich versprach er, sich beim nächsten Termin wenigstens auf 20 Folien zu beschränken und seinem Verhandlungspartner auch ein bisschen zuzuhören. Immerhin willigte daraufhin der nächste Gesprächspartner ein, einmal testweise ein Modul für eine der Maschinen in der Werkshalle nachrüsten zu lassen.

Der Ingenieur verstand die Welt nicht mehr. »Warum hat jetzt plötzlich doch mal einer Ja gesagt?«, fragte er mich. Da nutzte ich die günstige Gelegenheit und rang ihm das Versprechen ab, es beim dritten Termin ein einziges Mal, nur testweise, ganz anders zu machen. Nämlich so, wie wir es jetzt besprechen würden. Ich übernähme die Verantwortung. Beim nächsten Termin sollte der Ingenieur erst zuhören und sich dann auf zwei technische Folien beschränken. Anschließend sollte er seinen Verhandlungspartner anschauen und ganz selbstbewusst sagen: »Sie haben sieben Maschinen von uns. Kaufen Sie acht Module, dann haben Sie noch eines in Reserve.«

Der Ingenieur traute sich die Mutprobe. Er machte es beim nächsten Termin genau so. Er sagte also: »Sie haben sieben Maschinen von uns. Kaufen Sie acht Module, dann haben Sie noch eines in Reserve.« Daraufhin sagte der Einkäufer: »Nein, wir werden keine acht Module kaufen. Wir wissen, wie zuverlässig Ihre Technik ist. Liefern und installieren Sie uns bitte sieben.«

Ein Zaubertrick? Nein, dieser Mann hat einfach zum ersten Mal in einer Verhandlung Ich-Präsenz gezeigt. Ohne Ich-Präsenz ist alles wertlos. Alles Fachwissen, alle Verhandlungstechnik, alle Zugeständnisse können Sie dann vergessen. Weil der Ingenieur nur mir zuliebe »mitspielte« und ich für ihn die Verantwortung übernahm, trat er einem Verhandlungspartner so souverän und angstbefreit entgegen wie nie zuvor. Ihm wurde daraufhin klar: »Ich darf niemals selbst am Erfolg einer Verhandlung zweifeln. Ich muss Ich-Präsenz besitzen und ganz zentriert sein.« Solche innerlich aufgeräumten Verhandler sind es, die ihre Ziele erreichen.

MUTPROBE

Ihre siebte Mutprobe

Begeben Sie sich an einen Ort, wo Parkplätze knapp sind und viele Autofahrer parken wollen. Zum Beispiel am Samstagmittag vor einem Einkaufszentrum. Oder zur Stoßzeit in der Münchner Maximilianstraße, an der Hamburger Binnenalster oder auf der Düsseldorfer Königsallee. Eine Möglichkeit ist auch ein Stadionparkplatz vor einem wichtigen Spiel. »Reservieren« Sie einen Parkplatz, indem Sie ihn »abmarkieren« (mit Hütchen und Flatterband, mit einem Einkaufswagen, mit Rucksack und Einkaufstüten o. Ä.), und stellen Sie sich selbst an den Rand der Parklücke. Wahrscheinlich wird Sie bald der erste Autofahrer (hupend) auffordern, ihm den Parkplatz zu überlassen. Erklären Sie ihm dann zunächst, Ihre Partnerin / Ihr Partner komme gleich mit dem Auto. Bleibt der Autofahrer hartnäckig (juristisch ist er im Recht, ihm steht der Parkplatz zu!), müssen Sie verhandeln. Was können Sie ihm anbieten, damit er sich einen anderen Parkplatz sucht? Versuchen Sie es! Aber bitte: Geben Sie mit einem Lächeln nach, bevor es brenzlig wird. Sie haben die Mutprobe auf jeden Fall bestanden.

PS. Sollte nach einer dreiviertel Stunde kein Autofahrer sich bei Ihnen beschwert bzw. den Parkplatz für sich beansprucht haben, dann strahlen Sie so viel Mut und Entschlossenheit aus, dass Sie die Mutprobe ebenfalls als bestanden abhaken dürfen.

ACHTE MUTPROBE

Den Ton angeben

Wie kommen Sie gegenüber Ihren Adressaten zum Wesentlichen?
Wer oder was steht in Ihrer Firma tatsächlich im »Mittelpunkt«?
Wieso hat Rechthaberei nichts mit Mut zu tun? Warum klappt
Kommunikation nicht ohne Selbstreflexion? Was brauchen tot-
gesagte Unternehmen am dringendsten? Erwarten Sie Antworten.
Und machen Sie sich bereit für die achte Mutprobe.

Im Saal breitete sich Unruhe aus. Dabei hatte ich auf der
Bühne erst einen einzigen Satz gesagt. Ich hatte gesagt:
»Vergessen Sie Ihr Fachwissen.« Sofort waren die Zuhörer
im Gespräch mit ihren Sitznachbarn. Nur wenige schwie-
gen. Sie saßen da und schüttelten den Kopf. Um diese
Reaktion zu verstehen, müssen Sie wissen, vor welchem
Publikum ich redete. Es waren Wirtschaftsprüfer und Steuerberater. Diese Berufsgruppe definiert sich über ihr Fachwissen. Wenn ich denen sage »Vergessen Sie Ihr Fachwissen«, dann
ist das ungefähr so, als würde jemand zu Christiano Ronaldo sagen:
»Vergiss Dribbling.« Oder zu Anna Netrebko: »Vergiss deine Stimme.«
Erschwerend kam hinzu, dass es nicht irgendwelche Wirtschaftsprüfer
und Steuerberater waren. Ihr Arbeitgeber gehörte zu den »Big Four«,
den vier größten Wirtschaftsprüfungsgesellschaften der Welt. Die Leute zählten sich zur Crème de la Crème ihres Fachs.

**Einfach ein-
mal eine starke
Behauptung**

Szenenwechsel. München, unser Büro, an einen kühlen Sommermorgen um halb neun. Der junge Mann, der da vor mir sitzt, gehört zu keiner Elite. Im Gegenteil, er ist ein ganz normaler Realschüler. Er hat sich bei uns um einen Ausbildungsplatz zum Kaufmann für Bürokommunikation beworben. Ich bin positiv überrascht, was für aufgeweckte Jungs und Mädels sich bei uns als Azubi bewerben. Egal, ob Gymnasiasten, Realschüler oder Hauptschüler. Und egal, ob Ur-Bayern oder Jugendliche mit Migrationshintergrund aus der Türkei, dem Kosovo oder von sonst wo. Ich schreibe das hier ausdrücklich hin, weil Sie ja so gut wie ich wissen, was in den Medien meistens zu lesen ist. Als ich den jungen Mann nach Hobbys frage, erzählt er von seinem Fußballverein. Der steht auf Platz vier der Bezirksliga und er ist dort der Torwart. »Der Torwart ist nicht entscheidend«, sage ich dem Jungen daraufhin ins Gesicht. »Die Feldspieler entscheiden das Spiel. Vorne fallen die Tore.«

Was haben diese beiden Begebenheiten gemeinsam? Klar, ich provoziere. Aber auf Provokation will ich bei dieser achten Mutprobe nicht primär hinaus. Gehen wir noch einen Schritt zurück. Was war Ihr spontaner Gedanke, als Sie die Überschrift »Den Ton angeben« gelesen haben? Wenn Sie eine moderne, in Soft Skills gut geschulte Führungskraft sind, dann könnten Sie gedacht haben: Den Ton angeben? Ist das nicht ziemlich autoritär und undemokratisch? Oder zumindest arg konservativ? Kann sein, dass es sich zunächst so anhört. Wenn Sie jemals ein klassisches Konzert besucht haben, dann wissen Sie jedoch, dass kein Orchester spielen kann, ohne dass zunächst der Konzertmeister mit seiner Geige »den Ton angibt«.

Bei Unternehmen und Führungskräften ist es mit wirkungsvoller Kommunikation ganz ähnlich. Wer den Mut hat, eine Behauptung aufzustellen, einen Pflock einzuschlagen und, ja, möglicherweise auch zu provozieren, der zielt auf Substanz statt auf gefälliges Blabla. Der möchte auf den Punkt kommen, statt um den heißen Brei herumzureden. Der traut sich, den ersten Schritt zu machen. Und der ist bereit, einmal eine Ausgangsthese in den Raum zu stellen. *Das* – und nicht etwa konservativ-autoritäre Bevormundung – meine ich mit »den Ton angeben«.

Die 3-B-Substanz-Formel: Behauptung, Beweis, Bedeutung

Damit sich die aufgewühlten Wirtschaftsprüfer und Steuerberater wieder beruhigen konnten, begründete ich ausführlich, warum sie ihr Fachwissen vergessen sollten. Wenn Sie dieses Buch bis hierhin gelesen haben und generell mit Ihrem Businesswissen auf der Höhe der Zeit sind, wird Sie meine Begründung nicht großartig überraschen. Selbstverständlich brauchen Wirtschaftsprüfer und Steuerberater in ihrem Berufsalltag Fachwissen, das ist gar keine Frage. Bloß nützt ihnen ihr Fachwissen nichts, wenn es darum geht, sich vom Wettbewerb zu differenzieren und Kunden zu binden. Bei den anderen drei der »großen Vier« sitzen Leute mit genauso viel Fachwissen. Kleinere Prüfungsgesellschaften und Steuerbüros sind fachlich nicht selten genauso kompetent.

Mutige Kommunikation lässt sich üben

»Wenn es ums Geschäft geht, können Sie Ihr Fachwissen vergessen«, hätte meine Behauptung korrekt lauten müssen. Diese These auf »Vergessen Sie Ihr Fachwissen« zu verkürzen, habe ich mich deshalb getraut, weil es gerade ums Geschäft und nichts anderes ging. Die angekündigten neuen europäischen Bestimmungen, Konsequenz einer alten Debatte um die Trennung von Prüfung und Beratung, rührten bei den Wirtschaftsprüfungsgesellschaften an die geschäftliche Substanz. Deshalb sollte ein Ruck durch die Reihen gehen. Die Mitarbeiter sollten wach werden und merken, dass sie ihr Fachwissen »vergessen« können, sobald die Firma wegen Umsatzeinbrüchen Stellen streichen muss. Sie sollten anfangen, sich mehr Gedanken über Kunden als über Rechnungslegungsvorschriften und Steuergesetze zu machen.

An dieser Stelle geht es mir gar nicht so sehr um die Begründung dieser einzelnen Behauptung. Sondern darum, wie wichtig es ist, auf eine forsche These überhaupt einen Beweis folgen zu lassen. Mit dem richtigen Beweis steht und fällt jede Behauptung. Das unterscheidet mutige Kommunikation von der bloßen Provokation. Mutige Kommunikation wahrt den Respekt vor den Zuhörern und liefert ihnen Argumente. Behauptungen ohne Beweise sind dagegen bloße Pole-

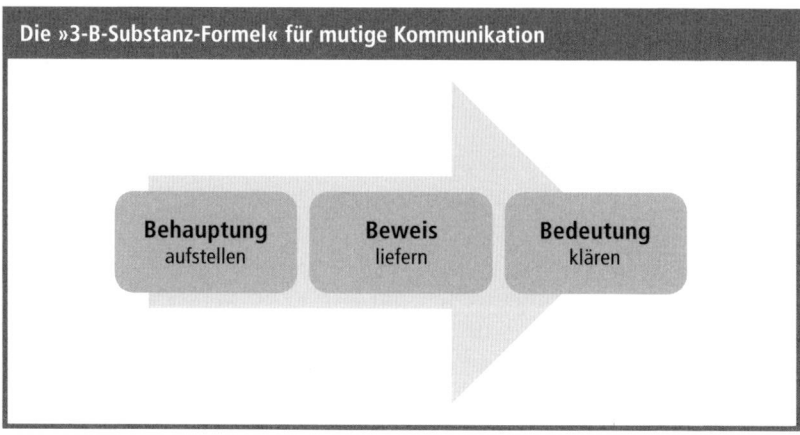

Behauptung
aufstellen

Beweis
liefern

Bedeutung
klären

mik. Sie kultivieren die Lust am Streit, führen aber nicht zum Wesentlichen. Umgekehrt fehlt die nötige emotionale Kraft, wenn jemand gleich anfängt zu argumentieren, ohne zunächst eine mutige Behauptung aufzustellen. Vorträge mancher Professoren sind so. Vor lauter Angst, sich auf Behauptungen festzulegen, die jemand angreifen könnte, versehen sie ihre Aussagen permanent mit »Fußnoten«. Das Ergebnis ist zähe, langweilige Kommunikation, bei der die meisten irgendwann abschalten.

Also: Behaupten, beweisen – und dann? Nicken alle und gehen zufrieden nach Hause? Das wäre zu wenig. Nach dem Beweis muss klar werden, was die Behauptung für die Anwesenden konkret bedeutet. Bei den Wirtschaftsprüfern und Steuerberatern zum Beispiel bedeutet es: Menschen gewinnen ist wichtig. Bauen Sie Vertrauen auf! Das ist es, was konkret aus der Tatsache folgt, dass Fachwissen kein Differenzierungsmerkmal mehr darstellt. Mutige Kommunikation kommt erst dann wirklich an und führt zu Veränderungen im Denken und Handeln, wenn die Bedeutung geklärt ist. Was das Gehirn der Adressaten für irrelevant erklärt, das sortiert es konsequent aus. Ihre Zuhörer oder Leser sollten also die Bedeutung erkennen und als relevant einstufen.

Ich liebe Formeln, die man sich leicht einprägen kann. Deshalb habe ich den Dreischritt mutiger Kommunikation »3-B-Substanz-Formel«

getauft. »3 B« steht für Behauptung, Beweis, Bedeutung. Und »Substanz-Formel« soll ausdrücken, dass es der Weg zum Wesentlichen ist. Dieses Schema kann dabei helfen, der Kommunikation Substanz zu verleihen. Sie stellen zunächst eine Behauptung auf, die so zugespitzt ist, dass Sie Ihre Adressaten emotional berühren und aus der Reserve locken. Die so entstandene Aufmerksamkeit nutzen Sie, um Beweise für Ihre Behauptung zu liefern. Im dritten und letzten Schritt machen Sie klar, was die Bedeutung Ihrer Behauptung für Ihre Adressaten ist. Warum sollen sich andere Ihrer Behauptung anschließen?

An dieser Stelle gilt es, einem möglichen Missverständnis entgegenzutreten. »Den Ton angeben« bedeutet nicht, um jeden Preis recht haben und recht behalten zu wollen. Rechthaberei ist kein Ausdruck von Mut, sondern unsouverän und ganz häufig sogar ein Zeichen von tief sitzender Sozialangst. Der Ängstliche will bestimmen und immer das letzte Wort haben. Der Mutige traut sich auch dann, etwas zu behaupten und einen Stein ins Rollen zu bringen, wenn er nicht sicher sein kann, ob er am Ende des Tages noch die besten Argumente haben wird. Viel wichtiger, als recht zu behalten, ist es, Diskussionen aktiv zu beginnen und einen Standpunkt zu vertreten, an dem andere sich reiben können. Führungskräfte, die immer recht haben wollen, laufen sogar Gefahr, von ihren Mitarbeitern irgendwann nicht mehr ernst genommen zu werden. Mit gekreuzten Fingern hinter dem Rücken lässt das Team dann den Chef das letzte Wort haben. Und macht sich anschließend über sein Machtgehabe lustig.

Rechthaberei ist unsouverän – der Mutige gibt Denkanstöße

> »Toleranz ist der Verdacht, dass der andere recht haben könnte.«
> KURT TUCHOLSKY

Den Ton angeben und dabei gleichzeitig offen und lernbereit bleiben verlangt Unternehmen und Führungskräften einiges ab. Ein Beispiel für eine besonders heikle Gratwanderung ist Facebook. Unternehmen, die bereits früh eine eigene »Seite« in dem rasant wachsenden sozialen Netzwerk einrichteten, haben damit Mut bewiesen. Sie ließen sich auf eine Form der Kommunikation mit Kunden und Öffentlichkeit ein, die sich permanent verändert und für die es noch keine »Best

Practice« gibt. Schnell wurden die Risiken deutlich. Wer auf Facebook etwas behauptet, erhält ungefiltertes Feedback. Er muss mit Widerspruch rechnen. Dieser Widerspruch reicht von ironisch gefärbten Kommentaren bis zur vollen Breitseite frustrierter Kunden, die sich für miesen Service oder abgebügelte Beschwerden rächen.

Gratwanderung Facebook – hier ist Können gefragt

Mit dieser Herausforderung gehen Unternehmen unterschiedlich um. Eine Autovermietung beispielsweise beschränkt sich auf Facebook mehr oder weniger darauf, ihre aktuellen Werbeanzeigen zu posten. Sollten Kunden das trotzdem zum Anlass für kritische Anmerkungen nehmen, werden diese kommentarlos gelöscht. Neulich vergaß der Webmaster allerdings, einen Kommentar zu löschen, in dem sich der Facebook-Nutzer wunderte, warum so viele andere Kommentare plötzlich verschwunden waren. So etwas ist entsetzlich peinlich. Wer auf diese Art »den Ton angeben« will, sollte einmal darüber nachdenken, für wie dumm er seine Kunden eigentlich hält.

Andere, darunter die viel gescholtene Deutsche Bahn, machen es besser. Sie haben die Teams, die ihre Facebook-Seite pflegen, für diese Form von Unternehmenskommunikation intensiv geschult. Unerwünscht sind auf ihren Seiten lediglich Kommentare, die gegen Vorschriften und Gesetze verstoßen. Wird ein solcher Kommentar entfernt, so muss aber auch dies öffentlich begründet werden. Für sonstige Kritik gilt hingegen: Souverän reagieren statt löschen. Sachlich bleiben und den Standpunkt des Unternehmens begründet darstellen. Falls nötig, mehrmals. Das ist mutig. Und dieser Mut wird sich langfristig auszahlen. Die meisten Facebook-Nutzer dürften nämlich in der Lage sein zu unterscheiden, was billige Polemik ist und was ein gut begründeter Standpunkt.

Den Ton angeben bedeutet eben mehr als Rhetorik. Es bedeutet auch mehr als die »3 B«. Nämlich: Rückgrat zeigen. Bei Kritik – gerade auch im Internet – gilt: Den eigenen Standpunkt verteidigen, ohne auf peinliche Weise rechthaberisch zu sein und das letzte Wort haben zu müssen. Oft ist das vorletzte Wort das treffendere. Und der mit dem letzten Wort macht sich lächerlich. Mutige Kommunikation lässt sich üben, etwa mit der »3-B-Substanz-Formel«. Aber sie beruht auf einer inneren Haltung, die keine Formel ersetzen kann. Souveräne Führungskräfte legen in ihrer Kommunikation eine gewisse Klasse an den Tag. Diese hat wiederum viel mit Wahrhaftigkeit und Authentizität zu tun. Wer diese Klasse besitzen will, der muss zunächst einmal die Wahrheit über sich selbst erkennen, wie die folgende Geschichte zeigen wird.

Mutige Kommunikation setzt Selbstreflexion voraus

»Wir sind ein absolut kundenorientiertes Unternehmen«, hatte mir der Geschäftsführer einer Transportlogistikfirma am Telefon erzählt. Im Bereich Kundenservice brauche man weder Beratung noch Training. »Bei der Verkaufsorientierung müssen wir besser werden«, präzisierte er seinen Auftrag an meine Firma. Ich gab zu bedenken, dass bei den besten Unternehmen Kundenorientierung und Verkaufsorientierung untrennbar zusammengehören und sich parallel weiterentwickeln. »Da gehe ich voll mit, Herr Verweyen«, schallte es durch den Telefonhörer. »Aber maximal kundenorientiert sind wir ja schon. Besser geht nicht. Wir müssen jetzt im Verkauf genauso spitze werden.« Nun gut, dachte ich, wir werden ja sehen. Und so vereinbarten wir einen Termin für meinen ersten Besuch bei der Firma. Vorsichtshalber glaube ich nie alles, was mir Geschäftsführer erzählen. Das war auch in diesem Fall so. Deshalb beschloss ich, bei meinem ersten Besuch durch die Brille eines möglichen Kunden zu schauen.

> »Kundenorientiert sind wir schon«

Ich kurvte also kurze Zeit später mit dem Auto durch ein Gewerbegebiet in Norddeutschland. Irgendwo hier musste die Firma sein. In dem Gewirr aus Straßen, Parkplätzen, Lagerhallen und Büroquadern meinte das Navi zwischen zwei Müllcontainern und einer Straßenlaterne: »Sie haben Ihr Ziel erreicht.« Knapp daneben ist auch vorbei.

Wer auf dieser Kreuzung im Mittelpunkt steht, der steht im Weg.

Also weiter gucken, wo genau ich hinmusste. Am besten einmal einem LKW hinterherfahren. Tatsächlich, da vorne musste es sein. Ich fuhr auf den Eingang des schicken und gepflegten Bürogebäudes zu. Die Parkplätze direkt daneben waren von frisch gewaschenen Oberklasse-limousinen belegt. Hinter den Motorhauben erkannte ich Nummern-schilder an kleinen Halterungen, auf die das Wort »Geschäftsleitung« geprägt war. Der Kunde stand hier zwar im Mittelpunkt, aber das hieß noch lange nicht, dass er den besten Parkplatz bekam.

Ich parkte zwei Reihen vom Eingang weg, nahm meine Tasche, ging hinein und meldete mich am Empfang. Die Dame dort war freundlich und wirkte aufgeräumt. Sie sagte, ich solle doch bitte in den Konfe-renzraum hinten links am Ende des Ganges gehen. Der Chef komme dann gleich. Ein wenig wirkte sie wie eine nette Krankenschwester, die sagt: »Gehen Sie schon einmal in Sprechzimmer vier. Ihr Arzt kommt dann gleich.« Also machte ich mich allein auf den Weg durch den langen Gang in den leeren Konferenzraum. Ich kam vorbei an verschiedenen Postern. Eines zeigte einen Tausendfüßler. Darüber der Spruch: »Für unsere Kunden reißen wir uns alle Beine aus.«

Ich war allein in dem Konferenzraum und schaute mich um. Die Möbel waren hochwertig, alles wirkte edel, gepflegt und geschmackvoll. An der Wand gegenüber der Fensterfront zog ein Riesenposter meinen Blick auf sich. Da war in der Mitte ein großer, knallroter Punkt. Drumherum waren vier Pfeile, die auf diesen Punkt zeigten. Darüber der Satz: »Bei uns steht der Kunde im Mittelpunkt.« Ich fand dieses Kunstwerk mäßig originell, aber das satte Rot des Punkts gefiel mir. Auf einmal erkenne ich einen Schmutzstreifen in dem roten Punkt. Ich will nicht recht glauben, dass in diesem perfekt sauberen Raum ausgerechnet das Poster verdreckt ist. Ich gehe näher an den Punkt heran. Da erkenne ich, dass es kein Schmutz ist. Sondern jemand hat mit feinem Bleistift und in winziger Schrift auf den Punkt geschrieben: »und damit jedem im Weg.«

Kaum hatte ich die beiden Satzteile im Kopf zusammengefügt – »Bei uns steht der Kunde im Mittelpunkt *und damit jedem im Weg*« –, betrat der Geschäftsführer den Konferenzraum und begrüßte mich mit einem freundlichen Lachen. Ich musste mich erst einmal sammeln. Ach du Schande! Was hatte ich da gerade gesehen? Doch zunächst ließ ich mir nichts weiter anmerken. Meine Beobachtung hob ich mir für den passenden Zeitpunkt auf. Zu Beginn sollte der Geschäftsführer noch einmal schildern, wozu genau er sich Beratung und Training wünschte.

Plakative Botschaft mit kleinem Schönheitsfehler

Darum ließ er sich nicht zweimal bitten. »Wir müssen jetzt Gas geben«, sagte er. »Wir haben uns bisher voll auf Kundenorientierung konzentriert. Jetzt müssen die Leute hier mal richtig stark verkaufen lernen. Für die ist das neu.« So schnell ließ ich beim Thema Kundenorientierung nicht locker. »Wie definieren Sie Kundenorientierung?«, fragte ich. Falsche Frage. Das schien jetzt in großen Buchstaben im Gesicht des Chefs geschrieben zu stehen. Seine Herzlichkeit wich einer gewissen Kühle. Es war, als wäre der Arzt ins Sprechzimmer gekommen und ich hätte ihn als Erstes gefragt: »Wie definieren Sie Gesundheit?«

> *»Worte sind Blätter, Taten sind Früchte.«*
> ENGLISCHES SPRICHWORT

Widerwillig beantwortete der Geschäftsführer meine Frage. So nach dem Motto: »Schauen Sie sich hier doch nur einmal um!« Leider hatte ich genau das vorhin getan. Doch bevor ich darauf einging, erklärte ich meinem Gegenüber, warum mir die Frage nach seiner Definition von Kundenorientierung so wichtig war. Für mich muss Kundenorientierung immer messbar sein. Wie lange klingelt ein Telefon, bis jemand abhebt? Wie viel Prozent der Neukunden kommen aufgrund von Empfehlungen? Wie lange dauert es, bis ein Angebot rausgeht? »So konkret haben wir uns da noch keine Gedanken gemacht«, räumte der Geschäftsführer kleinlaut ein.

Ich wollte ihn nicht vorführen, sondern ihm helfen. Deshalb malte ich ein Modell ans Flipchart, um die Sache zu verdeutlichen. Ist ein Unternehmen rein verkaufsorientiert, aber wenig kundenorientiert, so ist es im Extremfall ein Biotop für die berüchtigten Hardseller und Drückerkolonnen. Den »Drücker« interessiert nur sein Umsatz, egal, wie zufrieden der Kunde am Ende ist. Sein Gegenteil ist der »Missionar«. Er stürzt sich geradezu fanatisch auf potenzielle Kunden und erzählt begeistert von seinem Angebot. Dass er auch Abschlüsse braucht, kann er vor lauter Begeisterung schon mal vergessen. Das kann dem »Bürokraten« nicht passieren. Diese aussterbende, jedoch in Konzernen oder bei Versorgungsunternehmen noch anzutreffende Spezies ist weder kunden- noch verkaufsorientiert, sondern macht Dienst nach Vorschrift.

Mitarbeiter in Topunternehmen sind Partner für ihre Kunden

Einzig der »Partner« macht seine Firma zu einem Topunternehmen. Er hat die eigene Performance und die Bedürfnisse der Kunden gleichermaßen auf dem Schirm. Er ist reflektiert, besitzt Rückgrat und ist in der Lage, gegenüber dem Kunden einen Standpunkt zu vertreten. Ich schaute dem Geschäftsführer direkt in die Augen. »Wenn Ihr Unternehmen maximal kundenorientiert wäre, aber noch nicht ausreichend verkaufsorientiert«, sagte ich, »dann müssten hier lauter Missionare herumlaufen, die restlos von ihrer Firma überzeugt sind, denen es bloß an Verkaufstalent fehlt. Annähernd richtig?« Der Geschäftsführer wusste nicht recht, ob er zustimmend nicken sollte. Er ahnte nichts Gutes.

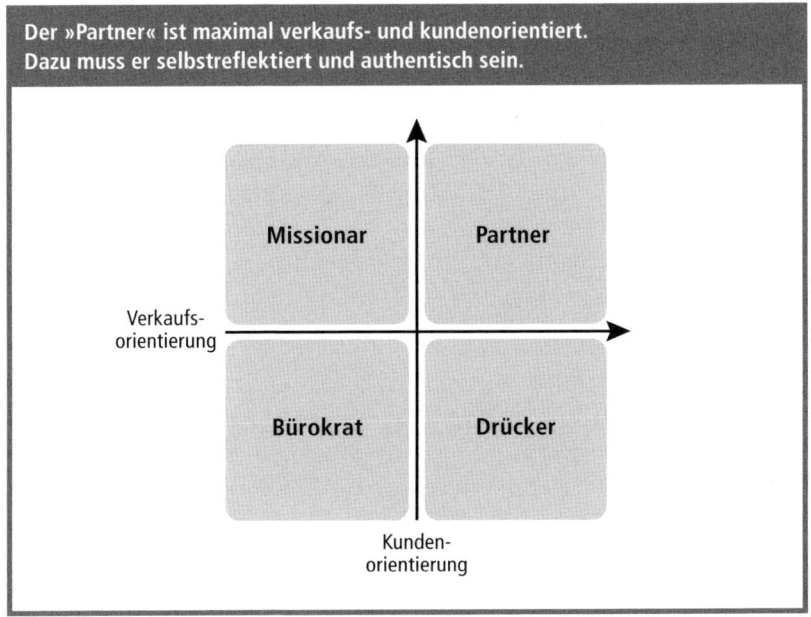

Der »Partner« ist maximal verkaufs- und kundenorientiert.
Dazu muss er selbstreflektiert und authentisch sein.

Missionar

Partner

Verkaufs-
orientierung

Bürokrat

Drücker

Kunden-
orientierung

»Wenn Sie etwas über die Kundenorientierung Ihrer Mitarbeiter lernen möchten«, fuhr ich fort, »dann kommen Sie mal hierher.« Ich ging zu dem Poster. Der Geschäftsführer stand auf und trat hinzu. Schweigend zeigte ich mit dem Finger auf den Satz, den ein Mitarbeiter in den roten Punkt geschrieben hatte. Der Geschäftsführer fiel aus allen Wolken. Ich hatte nicht das Gefühl, dass in ihm Wut auf den kritzelnden Mitarbeiter aufstieg. Sondern er fühlte sich sichtlich ertappt. Vollkommen bloßgestellt. Das ganze Gerede von Kundenorientierung, das hier ständig auf Poster gedruckt und an Wände gehängt wurde, war nur Fassade. Nicht authentisch. Das wirklich Schlimme aber war, dass der Geschäftsführer das erst jetzt merkte. Er hatte sich selbst etwas vorgemacht. Aber seine Mitarbeiter waren – wie so oft – schlauer gewesen. Sie hatten ihn durchschaut und sich heimlich über die hohle Rhetorik lustig gemacht.

Ohne kritische Selbstreflexion ist mutige Kommunikation nicht zu haben. Es ist leicht, irgendwelche Dinge zu behaupten. Beispielsweise: »Bei uns steht der Kunde im Mittelpunkt.« Oder: »Wir beurteilen

Mitarbeiter ausschließlich nach Leistung.« Oder: »Die Tür zum Chef-büro steht für jeden Mitarbeiter immer offen.« Wenn diese Behaup-tungen nicht authentisch und durch messbare Tatsachen zu belegen sind, werden Sie sich bald wünschen, besser gar nichts behauptet zu haben. Umso schöner, wenn Sie und Ihre Mitarbeiter tatsächlich Part-ner für Ihre Kunden sind. Dann können Sie sich nicht nur eine eigene Meinung erlauben. Sie können manchmal richtig gegen den Strom schwimmen – und damit auch noch Erfolg haben.

Jede Firma braucht einen Mutigen, der für sie einsteht

Wo kommt es auf mutige Kom-munikation an?

Als ich mir Gedanken über dieses Buchkapitel machte, kam ich an einen Punkt, an dem ich mich fragte, wo es im Busi-ness besonders wichtig ist, angstfrei zu kommunizieren und mutig den Ton anzugeben. Ich fand diese Frage gar nicht so leicht zu beantworten. Schließlich kam ich auf drei Dinge. Erstens brauchen angeschlagene Unterneh-men mutige Kommunikation. Wenn eine Firma im Kreuz-feuer der Kritik steht, wenn das Image ramponiert ist oder sogar die Pleite droht, hilft eine glaubwürdige Persönlichkeit mit Rückgrat, die sich trotz allem zu dem Laden bekennt. Zweitens braucht mutige Marketingkommunikation Köpfe, die keine Angst haben, sich lächerlich zu machen. Und drittens braucht es Mut, einem Vorgesetz-ten oder Kunden, der einem haushoch überlegen ist, die Meinung zu sagen und dabei zu bleiben.

Wahrscheinlich bin ich nicht der Einzige auf der Welt, der an Steve Jobs denken muss, wenn es um mutige Unternehmer und Führungs-kräfte geht, die in guten wie in schlechten Zeiten zu ihrer Firma ste-hen. Der verstorbene Mitgründer von Apple wurde Mitte der Achtzi-gerjahre von einem ehemaligen Pepsi-Manager, den er selbst als CEO eingestellt hatte, aus der Firma herausgemobbt. Jobs führte daraufhin andere Unternehmen zu großem Erfolg, beispielsweise das Trickfilm-

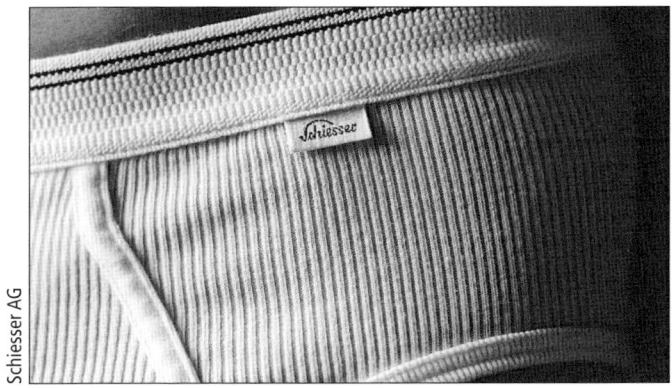

**Würden Sie als international gefeierter Modedesigner einen
Hersteller von Feinripp-Unterwäsche vor der Pleite retten?
Wolfgang Joop war bereit dazu.**

studio Pixar. Als Apple Mitte der Neunzigerjahre schwer angeschlagen war und gegen die damalige Übermacht von Microsoft chancenlos erschien, kehrte Jobs an die Spitze zurück. Er stand für das Unternehmen ein, das andere ihm aus der Hand gerissen und beinahe in den Ruin getrieben hatten. Das finde ich mutig. Und der Mut wurde bekanntlich belohnt. 1998 kam der erste iMac und brachte Apple zurück in die Gewinnzone. Seitdem scheinen die Kalifornier kaum mehr aufzuhalten zu sein.

Mutig fand ich auch die Bereitschaft von Wolfgang Joop, das von Insolvenz bedrohte Traditionsunternehmen Schiesser zu retten. Kopfschüttelnd fragten sich einige, was ein international gefeierter Modedesigner mit einem Hersteller von Feinripp-Unterwäsche will. Ist Schiesser nicht der Inbegriff der Spießigkeit? Joop ließ sich davon nicht beirren. Er hatte sich sein eigenes Urteil gebildet. Und er schien von der Substanz des süddeutschen Unternehmens überzeugt zu sein. Auch wenn es zu der Zusammenarbeit letztlich nicht kam und Schiesser die Wende teils aus eigener Kraft, teils mit anderen Partnern schaffte: Ich finde Wolfgang Joop mutig.

Eine weitere Persönlichkeit, die mir hier einfällt, ist Nicolas Berggruen, der »Karstadt-Retter«. Den Investor und mehrfachen Milliardär als schillernd zu bezeichnen, wäre untertrieben. Berggruen besitzt weder ein Haus noch eine Wohnung, sondern lebt in seinem Privatjet und in Hotels. Ursprünglich wollte der in Paris geborene Sohn eines vor den Nazis geflohenen deutschen Kunsthändlers Schriftsteller werden. Tatsächlich ist er heute Inhaber der Berggruen Holdings, die während der vergangenen zwei Jahrzehnte in über 100 Unternehmen direkt investierte. Dieser Kosmopolit mit deutschen Wurzeln glaubte an das Traditionsunternehmen Karstadt, obwohl dort mehrere Managergenerationen auf die Pleite hingearbeitet hatten und die Substanz bereits erodiert war.

Bilder gingen durch die Medien, die Berggruen unmittelbar nach dem Neustart in einer großen Filiale von Karstadt in Berlin zeigten. Der Milliardär trägt den gleichen schlichten schwarzen Anzug wie die Mitarbeiter. Wie alle hat er am Revers ein Namensschild aus Metall mit dezentem Karstadt-Schriftzug. Es stellt ihn den Kunden als Mitarbeiter »N. Berggruen« vor. Berggruen strahlt, und auch alle anderen strahlen. Sogar jene Politiker und jene Betriebsräte von der Gewerkschaft Verdi, die von Finanzinvestoren normalerweise wenig halten, strahlen um die Wette. Dieses Bild, diese Geste des Investors, drückt aus: Ich stehe mit meinem guten Namen für dieses bereits totgesagte Unternehmen ein. Während ich dieses Buch schreibe, ist noch offen, ob Karstadt letztlich über den Berg kommen wird. Am Mut von Nicolas Berggruen ändert das nichts.

> *»Leicht zu leben ohne Leichtsinn, heiter zu sein ohne Ausgelassenheit, Mut haben ohne Übermut; das ist die Kunst des Lebens.«*
> THEODOR FONTANE

Nicht mehr zum Karstadt-Konzern gehört die ehemalige KarstadtQuelle-Versicherung. Sie ist nun als ERGO direkt Teil des drittgrößten Erstversicherers in Deutschland. Trotz der Übernahme ist der Chef immer noch derselbe. Vor Kurzem ist einer unserer Trainer ihm begegnet. Der Trainer stand bei ERGO direkt in Nürnberg in der Warteschlange der Kantine. Vor ihm ein gepflegter grauhaariger Mann im dunklen Anzug. Als er sich umdrehte und sein Gesicht zu erkennen war, rutschte es dem Trainer heraus: »Sie kenne ich aus dem Fernsehen!« Peter M. Endres wird gewusst haben, dass ihm solche Situationen bevorstehen, wenn er als Chef von ERGO direkt persönlich im Werbefernsehen auftritt. Nicht als Patriarch im Stil eines Tagesschau-Sprechers wie einst Wolfgang Grupp von Trigema, sondern als Darsteller, der in skurrilen Spots sich selbst spielt.

»Wir machen's einfach«, sagt Endres am Schluss jedes dieser Spots, die in einem fiktiven Entwicklungslabor spielen. Dort scheitern die Erfinder ein ums andere Mal kläglich bei der Präsentation einer Produktidee für den Chef. Endres greift die Idee dann auf und verspricht, sie für die Kunden geschickter umzusetzen. »Wir machen's einfach«, könnte Peter Endres auch gesagt haben, als er entscheiden musste, ob er sich für eine solche Werbung hergeben will. Wie viele andere CEOs in Deutschland hätten sich das getraut? Wer mutig für seine Firma eintritt, der hat auch keine Angst, sich zu blamieren. Peter M. Endres gibt im Fernsehen auf humorvolle Weise den Ton an. Er traut sich etwas, an dem Managerkollegen und Feuilletonkritiker sich reiben können.

> »Wir machen's einfach«, sagt der Mutige

In der internen Kommunikation ist es mit Sicherheit einfacher, einen Standpunkt zu vertreten, wenn man der Chef ist. In den meisten Fällen fühlen sich die Mitarbeiter verpflichtet, einer Führungskraft zumindest höflich zuzuhören. Wer jedoch einmal Führungskraft werden möchte, tut gut daran, seinen Standpunkt auch dann schon zu verteidigen, wenn er noch auf keinem Chefsessel sitzt. Ja, wenn er vielleicht sogar seinem – aktuellen oder zukünftigen – Chef gegenübersitzt. Deshalb möchte ich am Schluss noch einmal auf den Jugendlichen zurückkommen, der sich bei uns um einen Ausbildungsplatz beworben hat. Vielleicht interessiert Sie, wie er reagierte, als ich behauptete: »Der Torwart ist nicht entscheidend. Die Feldspieler entscheiden das Spiel. Vorne fallen die Tore.«

Er schaute mich an, als würde ihm nicht gerade imponieren, was der Oberboss in seinem schicken Büro da behauptete. Dann erzählte er mir ganz ruhig, wie das letzte wichtige Spiel seiner Mannschaft verlaufen war. Es hatte Spitz auf Knopf gestanden, und nur weil er als Torwart mit einer perfekten Parade das »Zu-null« gehalten hatte, konnte die Mannschaft den Sieg davontragen. Natürlich würden vorne die eigenen Tore fallen. Trotzdem könne auch ein Torwart das Spiel entscheiden. Ich war beeindruckt von so viel Rückgrat bei einem 16-Jährigen. Und ich wage jetzt einmal die Behauptung, dass sich von diesem und anderen Jugendlichen genauso so viel über mutige Kommunikation lernen lässt wie von einem Joop, Endres oder Berggruen.

Selbstbewusst auch Gegenpositionen einnehmen können, das zählt nämlich. Gerade dann, wenn die anderen einem formal überlegen sind. Opportunismus ist unattraktiv. Wenn er nicht sofort auffällt, dann irgendwann später. Der Kunde von heute kauft nicht gerne bei Opportunisten. Er möchte nicht gebauchpinselt werden, sondern einen Partner auf Augenhöhe vorfinden, dem er mit Respekt begegnen kann. Ich kann jeden – egal, ob Azubi oder CEO – nur ermutigen, ebenso empathisch wie entschlossen die eigene Meinung zu vertreten. Und sich damit den Respekt jeden Tag neu zu verdienen.

MUTPROBE

Ihre achte Mutprobe

Schreiben Sie auf die Rückseite von zehn Ihrer Visitenkarten jeweils handschriftlich eine provokative, absurde oder groteske Behauptung. Es darf auch ein persönliches Bekenntnis sein. Nur bitte nichts Politisches oder Weltanschauliches, sondern zum Beispiel:

»Urlaub in Italien ist langweilig.«
»Bei McDonald's schmeckt es am besten.«
»Kinder kriegen ist doof.«
»Hören Sie mir bitte zu, ich habe etwas zu sagen.«
»Ich hasse Fußball.«
»Bei der Arbeit höre ich am liebsten Schlager.«

Schreiben Sie dann noch Ihren Namen unter die Behauptung. Dann verteilen Sie die zehn Visitenkarten nach dem Zufallsprinzip an zehn neue Geschäftskontakte der nächsten Zeit. Und wenn Sie jemand auf eine Ihrer Behauptungen anspricht, dann verteidigen Sie selbstverständlich Ihren Standpunkt. Viel Spaß!

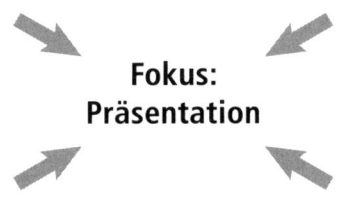

**Fokus:
Präsentation**

NEUNTE MUTPROBE

Ehrlich überzeugen

*Wann kann es sich auszahlen, sich etwas herauszunehmen?
Was macht einen starken Redner aus? Woran scheitern die meisten
Präsentatoren? Warum zählt beim Präsentieren nichts als der
Augenblick? Was ist ein »Moment of Truth«? Erwarten Sie Ant-
worten. Und machen Sie sich bereit für die neunte Mutprobe.*

Es war so ein typischer Pitch. Wir standen im Wettbewerb
mit anderen Unternehmensberatungen und wollten den
Auftrag. In diesem Fall von einer Großbank. Bei den
Banken ist naturgemäß viel Geld im Spiel. Entsprechend
hoch sind die Ansprüche. Und die Kombination aus beidem – viel Geld und hohe Ansprüche – führt zu einem
ganz eigenen, branchentypischen Selbstbewusstsein. Meine drei Kollegen und ich wussten also: Hier müssen wir uns
verdammt anstrengen! Wir hatten 20 Minuten Zeit für die Präsentation. Und die sollte ablaufen wie ein Schweizer Uhrwerk, da musste
einfach alles passen. Wir hatten den Auftritt x-mal geübt und lange an
unseren Folien gefeilt.

**20 Minuten,
in denen es um
alles geht**

Auf der Chefetage dann die erste Enttäuschung: Wir waren als Letzte
dran, nach 18 Uhr. Es war Winter, draußen war es bereits dunkel und
es schneite. Die Herren in den Nadelstreifenanzügen hatten schon

ewig zugehört und waren müde. »Jetzt geben wir erst recht Gas«, versuchte ich mein Team zu motivieren. »Die wecken wir hier noch mal auf!« Doch dann hakte die Technik. Ich wollte den eigenen Laptop verwenden, aber der vertrug sich nicht mit dem Beamer. Fummelei, Ratlosigkeit, Unruhe im Raum. Ich sprach den Vorstandschef an – und verhunzte prompt seinen Namen. Sein Assistent korrigierte mich, sichtlich schadenfroh. Als die Präsentation endlich starten konnte, schienen die Manager gedanklich beim Feierabend zu sein. Doch ich »kam rein«, legte mich ins Zeug.

»Entschuldigen Sie, wenn ich Sie unterbreche.« Ich hatte zehn Minuten präsentiert. Der leicht übergewichtige Herr, der mich unterbrach, saß in der letzten Reihe. »Das ist mir alles zu *generisch*«, sagte er. Irgendwo im Raum fiel eine Stecknadel. In meinem Kopf öffnete sich eine Schleuse, die einen irren Gedankenstrom freigab: *Generisch?* Ich wusste nicht einmal, was das Wort bedeutete. Was wollte der mir damit sagen? Vielleicht war das ja abgesprochen. Der sollte mich genau bei Minute zehn provozieren, um zu testen, wie ich reagiere. Oder gefiel ihm die Präsentation wirklich nicht? Noch schlimmer! Was mache ich jetzt? Bloß nicht in die Defensive, bloß keine Rechtfertigung, sonst war es vorbei mit dem richtig großen Auftrag … Ich ging so ruhig, wie es mir unter größter innerer Anspannung gelang, auf den Mann in der letzten Reihe zu. »Danke für den Hinweis«, sagte ich leise zu ihm. »Deshalb wird der zweite Teil meiner Präsentation jetzt vollkommen ungenerisch.« Dann machte ich weiter wie geplant.

Erst später, draußen in der Kälte, wurde mir klar, was für einen Satz ich da – in höchster Not – abgelassen hatte. Mir wurde ganz mulmig. Wir standen zu viert in einem Hauseingang, wo es nicht reinschneite, und schienen alle das Gleiche zu denken: Ob das reichte? Wahrscheinlich nicht. Zu viel schiefgelaufen. Schweigend saßen wir anschließend im Auto und machten uns auf den Rückweg. Da kam ein Anruf rein, mein Kontakt bei der Bank. Er wolle nur kurz Bescheid geben, dass wir den Auftrag bekämen. »Was diese Berater sich rausnehmen«, hätte der Vorstandschef gesagt, »das nehmen sich unsere Kunden auch raus. Deshalb können diese Typen uns helfen, unsere Kunden besser zu verstehen.«

Als der Jubel im Auto nachließ, war uns klar, dass wir nicht allein durch mutiges – oder, seien wir ehrlich: an einer Stelle *übermütiges* – Auftreten überzeugt hatten. Mit ziemlicher Sicherheit gab es auch fachliche Punkte in unserem Konzept, die gut angekommen waren. Aber seit diesem Abend hat sich mein Fokus bei Präsentationen verändert. Ich habe immer noch gerne eine perfekte Technik, möchte die Entscheider mit ihrem korrekten Namen ansprechen und lege auf spontane Unterbrechungen keinen großen Wert. Aber das alles ist zweitrangig. An erster Stelle steht für mich die Ehrlichkeit. Ehrlich präsentieren im Sinne von authentisch sein. Und kein Blatt vor den Mund nehmen.

Reden oder schwätzen – Sie haben die Wahl

Ich liebe gute Redner. Und ich hasse Schwätzer. Bei einem guten Redner kommen mir 30 Minuten Präsentation vor wie nicht einmal zehn. Am liebsten möchte ich dann »Zugabe!« rufen. Gute Redner sind genau, kurzweilig, bildreich und konzentriert. Sie sind mutig. Und sie verstehen es gleichzeitig, ein gewisses Understatement zu pflegen. Warum begegnen mir bei Präsentationen im Business nicht mehr gute Redner? Ich finde das schade. Schade um die Zeit, die wir alle mit Präsentatoren verbringen müssen, die ihr immer gleiches Geschwafel loswerden wollen. Fehlt vielen einfach der Mut für starke Auftritte? Vielleicht ist das so.

Der Mut zum starken Auftritt

Anders kann ich mir jedenfalls nicht erklären, warum so viel heiße Luft produziert wird, sobald eine Person vorne steht und eine Gruppe zuhören soll. In letzter Zeit fällt mir verstärkt auf, dass viele jüngere Führungskräfte mit dieser »One-to-many«-Kommunikation überfordert wirken. Wenn sie nicht schüchtern nuscheln, dann versuchen sie, ihre Unsicherheit mit Arroganz zu überspielen, was noch schlimmer ist. Manche Präsentatoren wirken extrem selbstverliebt – und überzeugen mich noch weniger. Sie bleiben an der Oberfläche, vertreten

Dieses Hilfsmittel ist unter Rednern zwar verbreitet, für überzeugende Präsentationen jedoch völlig ungeeignet.

keinen Standpunkt und setzen keine starken Bilder ein. Sie klicken sich hektisch durch einen Brei an Fakten auf Powerpoint-Folien und bauen dabei kaum Kontakt zu den Zuhörern auf.

Eine ganz besonders mutlose Spezies, die mir in der letzten Zeit häufiger begegnet, ist der Typ »Ich-entschuldige-mich-schon-mal«. Er sucht ständig Kontakt zu den Zuhörern und sagt Sätze wie: »Sie müssen mir sagen, wenn Sie das schon kennen.« Oder: »Unterbrechen Sie mich, wenn ich was Falsches sage.« Oder auch: »Ich kann mich meinem Vorredner im Wesentlichen anschließen.« Letzteres ist ja auch praktisch und führt gerne zu der Ergänzung: »Mit Blick auf die Uhr fasse ich mich kurz.« Wie will jemand überzeugen, der sich permanent gegenüber seinen Zuhörern rechtfertigt oder sie um Ergänzungen bittet?

Was einen starken Redner ausmacht

Präsentieren kann jeder. Oder meint, es zu können. Doch wer überzeugen will, sollte mehr beherrschen als die deutsche Sprache und die Benutzeroberfläche von Powerpoint. Hier sind meine ganz persönlichen Erfahrungen, was starke Redner ausmacht:

Starke Redner sprechen über Konkretes

Worthülsen, Abstraktionen, eine Sprechblase nach der anderen – das ist die Garantie dafür, dass Zuhörer abschalten. Starke Redner sprechen über Greifbares, liefern Behauptungen, Beweise, Meinungen und Fakten. Sie haben den Mut, sich damit angreifbar zu machen.

Starke Redner gehen in die Tiefe

Warum soll jemand eine halbe Stunde lang schweigend zuhören, wenn er dasselbe Blabla hört, das er längst auf der Firmenhomepage gelesen hat? Starke Redner verdienen sich die Aufmerksamkeit ihres Publikums, indem sie in die Tiefe gehen und wirklich Neues präsentieren.

Starke Redner sind kurzweilig und erzählen Geschichten

Was nützen die besten Argumente, wenn die Zuhörer bei deren Aufzählung einschlafen? Starke Redner sind immer auch unterhaltsam. Sie haben Geschichten zu erzählen und verpacken ihre Botschaft in Storys.

Starke Redner konzentrieren sich aufs Wesentliche

Wenn jemand sagt »Darüber könnte ich stundenlang erzählen«, dann ist das eine fiese Drohung. Starke Redner kommen zum Punkt. Sie konzentrieren sich aufs Wesentliche und lassen weg, was ihre Botschaft verwässern würde.

Starke Redner haben coole Bilder, Grafiken und Designs

Es ist in Mode gekommen, Powerpoint schlechtzumachen. Wenn viele Folien hässlich und langweilig sind, ist das jedoch noch lange kein Grund, auf visuelle Kommunikation zu verzichten. Menschen wollen nicht nur zuhören, sondern auch etwas sehen. Starke Redner zeigen starke Bilder und ansprechende Designs. ▶

Starke Redner können sich selbst zurücknehmen

Manchmal muss man auf die Pauke hauen. Aber nicht ständig. Wer stets sich selbst in den Mittepunkt stellt und nie hinter eine Sache zurücktreten kann, wird selten überzeugen. Starke Redner wissen, wann es Zeit ist, eine Botschaft für sich sprechen zu lassen.

Sein wahres Gesicht zeigen – authentisch und klar

Das alles sind für mich Anzeichen mangelnder Courage beim Präsentieren. Die Alternative lautet: Mut zur Ehrlichkeit. Doch was genau meine ich in diesem Zusammenhang mit Ehrlichkeit? Ich meine *Authentizität* und *Klarheit*. Authentizität hat mit einer inneren Haltung zu tun, aus der heraus jemand präsentiert. Sie basiert auf der Entscheidung, »sein wahres Gesicht zu zeigen«. Diese Entscheidung erfordert Mut und Konsequenz. Es ist immer einfacher, sich im Mainstream treiben zu lassen, auf die anderen zu schielen und sich im Extremfall einfach »dem Vorredner anzuschließen«. Kürzlich erlebte ich den Abteilungsleiter einer Bank, der über eine neue CRM-Software, also ein Werkzeug zur Kundenbetreuung, referierte. Er las den Zuhörern seine mit technischen Details vollgeschriebenen Folien vor, eine nach der anderen. Er kochte die Leute regelrecht weich. Der Vorteil für ihn: Keiner hatte am Ende noch die Kraft, Kritik zu üben. Aber hat solch ein Präsentator überzeugt?

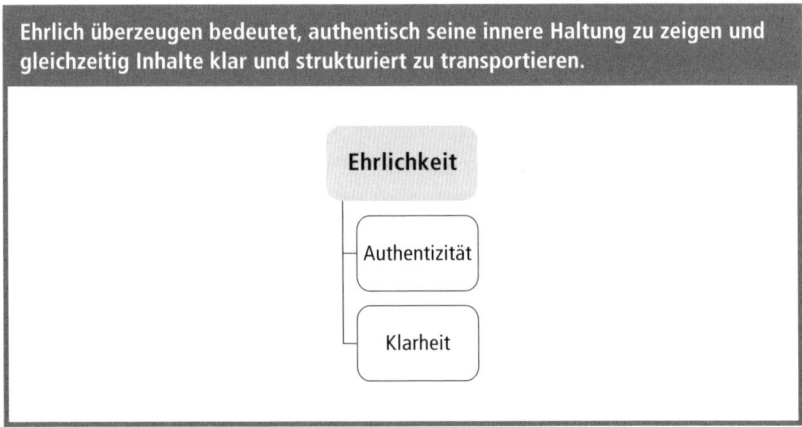

Ehrlich überzeugen bedeutet, authentisch seine innere Haltung zu zeigen und gleichzeitig Inhalte klar und strukturiert zu transportieren.

Ehrlichkeit
- Authentizität
- Klarheit

Authentisch präsentieren heißt auch, den Mainstream zu verlassen. Den eigenen Weg zu gehen. Mutige Redner zeigen ihren Zuhörern: »Ich habe mir Gedanken gemacht. Ich habe eine Botschaft genau für *euch*, die ihr hier vor mir sitzt. Und ich habe keine Angst davor, wenn ihr euch anschließend fragt: Was war *das* denn? Gebt mir euer ehrliches Feedback und ich setze mich damit auseinander.« Das schaffen junge Führungskräfte nicht von heute auf morgen. Deshalb ist es so wichtig, frühzeitig in der Karriere Dinge auszuprobieren. Jede Präsentation als Chance zum Experiment zu begreifen. Sich immer mehr zu trauen und dann irgendwann seinen eigenen Stil zu finden. Nicht Denken ist hier gefragt, sondern Machen.

> *»Die Wahrheit bedarf nicht vieler Worte, die Lüge kann nie genug haben.«* DEUTSCHES SPRICHWORT

Der zweite Aspekt der Ehrlichkeit ist für mich die Klarheit. Wer ehrlich präsentiert, hat nichts zu verbergen – und das merkt man der Form der Präsentation auch an. Die Rede ist gut strukturiert und kommt zum Punkt. Die Sprache verzichtet auf die berüchtigten »Nebelkerzen« aus Phrasen und Füllwörtern. Und wenn Powerpoint zum Einsatz kommt, dann sind die Folien übersichtlich und schnell zu erfassen. Wer so präsentiert, der wird greifbar – und angreifbar. Genau das macht eine überzeugende Präsentation aus. Erst Klarheit sorgt dafür, dass Menschen wirklich gerne zuhören. Sie ist das, was jeder Präsentator seinen Zuhörern schuldet.

Wer besitzt diese Klarheit? Sicherlich Nancy Duarte, die »Queen of presentation«. Wer im Sommer 2012 ihre Website www.duarte.com aufrief, dem sprang als Erstes in großen schwarzen Buchstaben der Satz »I can't change the world« entgegen. Eine halbe Sekunde später sah es aus, als würde ein roter Filzstift ansetzen. In schmierendem Rot wurde das »I can't« durchgestrichen. Es blieb »change the world«. Als Aufforderung, die Welt zu verändern. Mit dem Beratungsgeschäft von Nancy Duarte hat diese Botschaft nichts zu tun. Ihr Thema ist weder Change-Management noch Nachhaltigkeit, sondern sie unterstützt die Crème der US-Firmen bei Produktpräsentationen. Doch vor alle Referenzen stellt sie ihr persönliches Anliegen: Macht was! Verbessert die Welt!

Sobald jemand redet, zählt nur noch der Augenblick

In den
»Vortragsmodus«
umschalten

Einmal habe ich einen Workshop für zehn Trainer gemacht. Ich hatte die Idee, mit einem Auszug aus einem aktuellen Vortrag von mir zu beginnen. Die Teilnehmer sollten zunächst etwa 20 Minuten einfach nur zuhören. So weit mein Plan. Ich schaltete in den »Vortragsmodus« um. Immer, wenn wir nicht interaktiv im Gespräch sind, sondern Redezeit haben und die anderen zuhören sollen, wechseln wir gewissermaßen den Betriebsmodus. Wir brauchen jetzt eine andere Stimmlage, eine veränderte Körperhaltung, andere Gesten und so weiter. Vor allem müssen wir viel mehr Energie aufwenden. Die meisten Leser werden diesen energetischen Ruck kennen, der durch den Körper geht, sobald wir das Wort haben und die anderen andächtig schweigen. Ich powerte also los.

Dummerweise waren die Zuhörer überhaupt nicht auf Vortrag gepolt. Ich hatte meinen Plan zwar transparent gemacht und mich nicht ohne Vorwarnung in Szene gesetzt. Trotzdem unterbrachen mich die Trainer munter mit Fragen. Sie waren auf Seminar programmiert und ließen sich nicht so einfach umprogrammieren. Leider wollte ich das nicht wahrhaben. So redete ich noch lauter und sah irgendwann niemanden mehr an, als hätte ich 1000 Leute und nicht zehn Leute vor mir. Zu allem Überfluss kam dann auch noch ein Trainer zu spät. Nachdem er sich diskret hingesetzt hatte, fiel er aus allen Wolken. Was sollte das denn für ein Workshop sein? Entsetzen stand in seinem Gesicht geschrieben.

An diesem Tag habe ich zu spüren bekommen, wie unterschiedlich Präsentationen und Vorträge auf der einen Seite und Workshops, Meetings und Seminare auf der anderen Seite sind. Es sind schlicht zwei verschiedene und miteinander unvereinbare Welten. Deshalb konnte mein Einstieg in diesen Workshop nur schiefgehen. Ich habe daraus gelernt, die beiden »Betriebsmodi« haarscharf zu trennen. Entweder Präsentation oder Interaktion. Dazwischen gibt es nichts. Zumindest nichts, was überzeugend funktionieren würde. Die Trainer forderten das ein, was sie bestellt hatten: eine Workshop-Situation. Und die sollten sie anschließend auch bekommen.

Der umgekehrte Fall, das fehlende Umschalten in den »Vortragsmodus«, wo er nötig wäre, tritt wesentlich häufiger auf. Wer 200 Leuten gegenübersteht, der kann mit einem solchen Publikum nicht interagieren. Da ist kein Dialog möglich. Doch auch das wollen viele nicht wahrhaben und versuchen es trotzdem. Gerade Trainern fällt es oft schwer, in den »Vortragsmodus« umzuschalten. Die Gründe beschreibt Hermann Scherer treffend in seinem Buch *Der Weg zum Topspeaker. Wie Trainer sich wandeln, um als Redner zu begeistern.* Trainer wollen Menschen verändern, Fähigkeiten vermitteln, dem Individuum gerecht werden. Selten haben sie gelernt, mutig einen Standpunkt zu vertreten und eine eigene Botschaft zu vermitteln. Präsentationen oder Vorträge von Trainern kommen mir deshalb oft vor wie Großgruppenseminare. So etwas kann nur schiefgehen.

Für alle, die geübt darin sind, in den »Vortragsmodus« umzuschalten, lauert jedoch eine weitere Falle. Keine Präsentation, kein Vortrag vor einer Gruppe lässt sich einfach »durchziehen« – ohne Rücksicht auf das, was unter den Zuhörern geschieht. Bei meinem Workshop für die Trainer hätte ich früher merken müssen, was los ist, um dann in den Seminarmodus zurückzuschalten. Und während der Präsentation bei der Bank musste ich auf die Bemerkung des Managers, was ich sagte, sei ihm zu »generisch« (ich weiß bis heute nicht, was er damit meinte), irgendwie reagieren. Ich konnte das unmöglich ignorieren. Doch wer während einer Präsentation auf Unvorhergesehenes reagieren will, muss hellwach sein. Im Augenblick zu sein, ist deshalb für mich das Wichtigste überhaupt beim Präsentieren.

   »Der Augenblick ist zeitlos.« LEONARDO DA VINCI

Die Sache mit dem Augenblick ist keineswegs trivial. Mir selbst ist erst jenseits des 40. Lebensjahrs klargeworden, was dieses Präsent-Sein und Nur-den-Augenblick-Geltenlassen wirklich bedeutet. Wenn ich nur 20 Minuten Zeit habe, um an einen wichtigen Auftrag zu kommen, dann muss ich während dieser zwanzigminütigen Präsentation die Uhr vollkommen vergessen. Ich muss in einen ähnlichen Zustand

»Ich habe einen Schlaganfall – ist das cool!«

Eine ganz besonders mutige Präsentation stammt von der amerikanischen Hirnforscherin Jill Taylor und ist unter www.ted.com zu sehen. Anhand eines persönlichen Erlebnisses erklärt sie ihren Zuhörern den Unterschied zwischen den zwei Hälften des menschlichen Gehirns. Damit der theoretische Teil nicht langweilig wird, lässt sich die Neurowissenschaftlerin erst einmal ein echtes menschliches Hirn auf die Bühne bringen. Sie zieht sich Einmalhandschuhe an und führt das Organ ausgiebig vor.

Nach der Theorie erzählt Jill Taylor ihre Geschichte: Eines Tages wachte sie auf und bemerkte an sich selbst das, worüber sie sonst in wissenschaftlichen Aufsätzen schreibt: die Symptome eines Schlaganfalls. »Ist das cool!«, hätte sie da gedacht. »Wie viele Hirnforscher bekommen die Möglichkeit, ihr Gehirn von innen zu studieren?« Gelächter bei den Zuhörern. Und dann beschreibt sie mit viel Witz und Ironie ihre veränderte Wahrnehmung während des Schlaganfalls.

Gegen Ende der Präsentation wird es sehr ernst. Stellenweise unter Tränen berichtet die Forscherin, wie der eigene Schlaganfall zu einer tiefen spirituellen Erfahrung wurde, die ihr Leben veränderte. Eindringlich macht sie ihren Zuhörern klar: Ihr alle könnt euch entscheiden, die einseitige Dominanz der linken, logisch-linearen Gehirnhälfte zu beenden, und euch mehr auf die rechte Hälfte einlassen, die Frieden, Verbundenheit und Leben im Hier und Jetzt ermöglicht.

kommen, den Spitzensportler als »Im-Tunnel-Sein« beschreiben. Die Wahrnehmung verengt sich in solch einem »Tunnel« vollkommen auf das, worauf es jetzt ankommt. Alles andere – der Rückflug, die E-Mail auf dem Smartphone vor zehn Minuten, die nicht ganz perfekt gebundene Krawatte – zählt im Augenblick nicht mehr.

Gerade bei jüngeren Kollegen empfinde ich die mangelnde »Präsenz im Augenblick« manchmal als geradezu provozierend. Da sind wir beispielsweise gemeinsam im Konferenzraum bei einem potenziellen Kunden. Wir wollen gleich ein Beratungsprojekt präsentieren. Statt sich jetzt voll auf die anstehende Präsentation zu fokussieren, nimmt der junge Mann erst einmal in Ruhe die Keksauswahl auf dem Konferenztisch in Augenschein. Nehme ich den mit der dunklen Schokolade? Oder lieber den netten mit der Mandel obendrauf? Nein, doch lieber den mit der Cremefüllung. Den steckt er sich dann eine Minute vor Beginn der Präsentation genüsslich in den Mund, kaut und macht dazu ein Gesicht wie der Sechsjährige aus der Iglo-Rahmspinat-Werbung. In solchen Situationen könnte ich ausflippen.

Überzeugend zu präsentieren erfordert für mich: Mut zum Aufgehen in diesem Augenblick, hier und jetzt. Was jüngere Kollegen gerade bei Kundenpräsentationen oft unterschätzen: Alles zählt, alles bleibt. Kein Fehler lässt sich korrigieren. Jede Kleinigkeit wird am Schluss emotional abgerechnet. Deshalb gilt es, sich mit 100 000 Volt auf den Moment zu konzentrieren. Das kann jeder am besten für sich allein.

Mein Rat an dieser Stelle lautet deshalb: Überlegen Sie sich gut, ob Sie mit anderen gemeinsam präsentieren. Sosehr ich Teamwork schätze: Bei Präsentationen stellt sich am besten einer allein in den Wind. Schauen Sie sich einmal die Hitlisten der besten TED-Präsentationen an, die TED-Fans im Internet erstellen. Sie werden praktisch keine Präsentation finden, bei der mehr als eine Person auf der Bühne stand. Wer begeistern will, braucht manchmal auch den Mut zum »Lone Wolf« vor der Meute.

Präsentationen in fünf Schritten vom Kern her entwickeln

Wenn Sie einmal Präsentationen und Vorträge Revue passieren lassen, denen Sie in den letzten ein bis zwei Jahren beigewohnt haben: Was davon ist Ihnen heute noch präsent? Nach meiner Erfahrung ist es bei Präsentationen oft so, dass entweder gar nichts hängen bleibt – oder vor allem der Unterhaltungswert. Wenn ich meinen Mitarbeitern einen Besuch beim Vortrag eines »Topspeakers« geschenkt habe und anschließend frage, wie es war, höre ich

Was von großen Reden bleibt

shutterstock.com/Vit Kovalcik

Reden, die uns lange im Gedächtnis bleiben, sind eine Stunde der Wahrheit.

schon mal Aussagen wie: »Na ja, recht unterhaltsam« oder »Zieht eine richtige Show ab« oder »Man konnte viel lachen.« Wenn ich dann nachhake und wissen möchte, was *inhaltlich* hängen geblieben ist, kommt manchmal Schulterzucken.

Schauen wir uns dagegen die großen Reden der Menschheit an, so gingen diese nie wegen ihres Unterhaltungswerts in die Geschichte ein, sondern wegen des inhaltlichen Kerns, der ein *Moment of Truth*, ein Augenblick der Wahrheit, war. Martin Luther King sagte: »I have a dream.« Der Traum von einer modernen, demokratischen Gesellschaft mit gleichen Rechten für alle – das war der *Moment of Truth*. Ronald Reagan sagte: »Mister Gorbachev, tear down this wall!« Die

Berliner Mauer musste endlich verschwinden. Das öffentlich auszusprechen war 1987 ein Tabu – und ein *Moment of Truth*. »Take your knives and your guns and throw them into the sea«, rief Nelson Mandela kurz nach seiner Freilassung 100 000 schwarzen Jugendlichen zu. Nicht Vergeltung, sondern Versöhnung war sein Gebot der Stunde. Ein *Moment of Truth*.

Präsentationen im Business werden so leicht nicht in die Geschichte eingehen. Doch wenn sie richtig mutig und stark sein sollen, dann brauchen auch sie einen MOT – einen *Moment of Truth*. Der MOT ist eine Kernaussage, die das Herz der Zuhörer berührt. Sie muss absolut ehrlich und authentisch sein. Aufgesagte Allgemeinplätze, die nicht reflektiert sind und nicht aus der Tiefe der Persönlichkeit des Redners kommen, werden sofort durchschaut. Sie sind kein MOT. Wer sich einen MOT nicht traut, von dessen Präsentation bleibt bestenfalls der Unterhaltungswert in den Köpfen. War die Präsentation auch noch langweilig, dann bleibt oft gar nichts hängen. Wer eine Rede oder Präsentation möchte, die wirklich Menschen gewinnt, sollte diese deshalb nie chronologisch entwickeln, sondern immer vom Kern, vom MOT her.

Im Folgenden schlage ich fünf Schritte zur Entwicklung mutiger Präsentationen vor, die beim inhaltlichen Kern beginnen und mit Aufhänger und Take-away enden. Ein ganz praktisches Plädoyer für mutigere Präsentationen.

Schritt 1: Der Moment of Truth (MOT)

Steht eine Präsentation oder eine Rede an, dann mache ich mir über den MOT Gedanken, bevor ich an irgendetwas anderes denke. Womit will ich überzeugen? Was will ich auslösen? Solange das nicht klar ist, werde ich auch sonst mit nichts landen können. Ob der MOT wirklich ehrlich ist, merke ich daran, was die Vorstellung bei mir auslöst, damit vor meine Zuhörer zu treten. Ist da ein Kribbeln? Erfordert es Mut, die Adressaten damit zu konfrontieren? Falls ja, könnte es sich um einen echten *Moment of Truth* handeln.

Es hilft, den MOT auf einen knappen Satz, eine Kernthese zu konzentrieren. Dieser Satz muss dann aber nicht unbedingt so in der Präsentation fallen. Es gibt viele Möglichkeiten, den MOT zu inszenieren: als These, als Zitat, als Film, Foto, Grafik, Studie – oder sogar in Form einer dpa-Meldung aus Google News. Das Wichtigste: Einfach und spannend muss der MOT sein. Damit es bei Ihren Adressaten »Klick« macht. Darauf läuft es hinaus. Haben Sie den Kasten über die Präsentation der Hirnforscherin Jill Taylor gelesen? Ihr MOT war das Bekenntnis, wie die Erfahrung des Schlaganfalls ihr Leben verändert hat.

Schritt 2: Die Story, die zum MOT hinführt

Ein MOT, der plötzlich zusammenhanglos im Raum steht, muss seine Wirkung verfehlen. Ein Augenblick der Wahrheit braucht deshalb eine Geschichte, in die er eingebettet ist. Diese Geschichte stellt den Kontext her und erzeugt gleichzeitig die nötige Spannung. Am besten sind ehrliche, selbst erlebte Geschichten. Wenn Sie etwa auf eine bestimmte These hinauswollen, können Sie eine Geschichte erzählen, die Sie zu dieser Erkenntnis geführt hat. Der ehemalige Topmanager Dieter Brandes zum Beispiel erzählt in seinen Vorträgen – sowie in seinem Buch *Einfach managen* – von der Preispolitik des Duisburger Zoos, die ihm bei einem Besuch aufgefallen war.

Erwachsene zahlten im Duisburger Zoo einen anderen Preis als Kinder. Für ein Elternteil mit Kindern gab es eine eigene Eintrittskarte zu einem anderen Preis. Für zwei Elternteile mit Kindern gab es wiederum eine eigene Eintrittskarte. Und dann gab es noch Gruppenkarten, die von Gruppen aus Erwachsenen und Kindern in Anspruch genommen werden konnten. Genüsslich rechnet Brandes die unterschiedlichen Preise vor, die Familien zahlen müssen, je nachdem, für welchen »Tarif« sie sich entscheiden. Dann präsentiert er – überraschend, jedoch logisch – den Einheitspreis als die beste Lösung. Und das führt zu seiner Kernthese: Einfacher ist besser.

Schritt 3: Das mutige Highlight

Neben dem MOT und der Geschichte, die auf ihn hinführt, bieten die besten Präsentationen noch mindestens ein mutiges Highlight, das den Kerngedanken nochmals illustriert und verankert. Im TED-Vortrag von Jill Taylor ist es das Aufklappen der beiden Hälften eines echten menschlichen Gehirns. Und das zeigt auch schon, zugegebenermaßen sehr drastisch, die Richtung an, in die es hier geht: Provozieren und irritieren ist angesagt. Zum Beispiel mit einem kleinen Experiment. Einmal habe ich einen Sack Walnüsse mitgenommen, die Nüsse den Zuhörern zugeworfen und gefragt: »Wer schafft es, eine Walnuss zu knacken?« Hier ging es um das Thema Team, und es wurde sofort klar, dass man zu mehreren Leuten wahrscheinlich am schnellsten auf eine Lösung kommt.

Ein anderes Mal habe ich einen Kollegen erlebt, der über das Thema Reklamationsmanagement sprach. Mitten in seiner Präsentation lässt er sich anrufen, geht an sein Smartphone und sagt: »Entschuldigung, ich habe jetzt wirklich überhaupt keine Zeit.« Dann beendet er das Gespräch und steckt das Gerät wieder ein. Die Zuhörer sind irritiert. Nach einer Pause fragt er in die Runde, wie »vorbildlich« er da denn eben reagiert habe. Angenommen, es wäre ein Kunde mit einem Anliegen gewesen …

Solche Highlights bleiben hängen. Die Zuhörer erinnern sich noch lange daran – und behalten damit auch die Kernaussage im Kopf. Das Highlight kann auch ein Videoclip oder einfach ein vollkommen irritierendes Foto sein. Erinnern Sie sich noch an den Flugzeugträger?

Wundertüte der Präsentation: SlideShare.net

Eine wunderbare Inspirationsquelle für Powerpoint-Präsentationen ist die Website www.slideshare.net. Individuen und Unternehmen aus der ganzen Welt laden hier besonders gelungene Präsentationen hoch und machen sie öffentlich zugänglich. Neben dem Stolz auf das eigene Werk spielen dabei auch Marketingüberlegungen eine Rolle – schließlich ist es kostenlose Werbung für das eigene Angebot. Die Seite erreicht laut Onlinelexikon Wikipedia 58 Millionen Besucher pro Monat und hat etwa 16 Millionen angemeldete Nutzer. Unter diesen Nutzern befinden sich auch Konzerne wie IBM oder Hewlett-Packard. Wenn Sie selbst Präsentationen hochladen und mit anderen teilen möchten, können Sie die Formate Powerpoint, PDF, Keynote und Open Office verwenden.

Schritt 4 und 5: Aufhänger und Take-away

Der Einstieg in eine Präsentation ist für mich erst der vierte Entwicklungsschritt. Und über den Schluss mache ich mir tatsächlich zum Schluss Gedanken. Ein guter Einstieg sorgt einerseits dafür, dass die Zuhörer sofort gebannt bei der Sache sind. Andererseits darf er aber dem MOT keine Konkurrenz machen. Er sollte die erste Einstimmung auf den Kern sein, ohne das Geheimnis bereits zu lüften. Ein guter Aufhänger kann ruhig auch etwas verrätselt sein. Die Zuhörer müssen dann »um die Ecke denken« und verstehen vielleicht erst später den ganzen Sinn.

Einmal habe ich eine Präsentation erlebt, bei der der Präsentator einem Zuhörer in der ersten Reihe ein Fernrohr reichte und ihn aufforderte, hindurchzusehen und seine Eindrücke zu beschreiben. Erwartungsgemäß war der Vortragende durch das Fernrohr nur verschwommen zu sehen. Da forderte der Präsentator den Zuhörer auf, das Fernrohr umzudrehen. Nun war er zwar klein, aber dafür vollständig zu sehen. Erst im Laufe des Vortrags erschloss sich der Sinn des Einstiegs vollständig: Im Management muss man immer wieder Abstand gewinnen und die Perspektive komplett umdrehen, um das klare und vollständige Bild zu bekommen.

Der Schluss einer Präsentation hat für mich dann aktivierenden Charakter. Was nehmen die Zuhörer mit? Die Aufmerksamkeitskurve bewegt sich jetzt bereits steil nach unten. Es ist wenig sinnvoll, jetzt noch einmal Gas geben zu wollen. Aber es ist auch eine verschenkte Chance, seine Zuhörer einfach ins Leere zu entlassen. Ein nettes »Takeaway« ist die beste Lösung. Am Schluss einer Präsentation verschenke ich tatsächlich gerne etwas. Das »Geschenk« kann aber auch ein Tipp, ein Link oder ein motivierender Vorschlag sein.

Zu Beginn dieses Kapitels habe ich von einem Pitch erzählt, der beinahe schiefgegangen wäre. Schlagfertigkeit und ein gewisser Übermut haben sich hier überraschend ausgezahlt. Zum Schluss des Kapitels war es mir ein Anliegen, Ihnen eine konkrete Methodik zur Entwicklung ehrlich überzeugender Präsentationen mit auf den Weg zu geben. Genau in diesem Spannungsverhältnis zwischen dem Planbaren und dem völlig Unerwarteten werden Sie sich als Präsentator meistens bewegen. Ich wünsche Ihnen den Mut, sich dieser Herausforderung immer wieder neu zu stellen und dadurch ehrlich zu überzeugen.

Ihre neunte Mutprobe

MUTPROBE

Wählen Sie einen Tag aus, an dem Sie ausreichend Kontakt mit Mitarbeitern, Kollegen, Kunden, Familienangehörigen und anderen Menschen haben werden. Diesen Tag erklären Sie zum *Truth Day*. Ich weiß, Sie lügen auch so nicht permanent. Aber an Ihrem *Truth Day* sagen Sie allen, denen Sie begegnen, die absolut ungeschminkte, brutale Wahrheit. Fragt Sie jemand, »Haben Sie Lust, mit zum Essen in die Kantine zu kommen?«, antworten Sie nicht, »Ich habe keine Zeit«, sondern »Ich habe keine Lust, mich beim Essen mit Ihnen zu unterhalten«. Sofern das der Wahrheit entspricht. Verzichten Sie einen Tag lang vollständig auf Höflichkeitsfloskeln, Standardentschuldigungen und freundliche Verpackungen. Dazu müssen Sie reflektiert sein und sich auf das fokussieren, was Sie jeweils *wirklich* denken.

Damit Sie nicht am Ende Ihres *Truth Day* sämtliche sozialen Kontakte für immer verloren haben, basteln Sie sich ein kleines Schild. Darauf schreiben Sie: »Truth Day. Sorry, heute ist mein Tag der ungeschminkten Wahrheit.« Dieses Schild zeigen Sie jedem mit einem Lächeln, dem Sie unverstellt die Wahrheit sagen.

ZEHNTE MUTPROBE

Weiter wachsen

*Warum ist Nullwachstum keine Lösung? Was treibt die Umsatz-
kurve eines Unternehmens wieder nach oben? Weshalb lassen
sich Durchbrüche beim Umsatz nur »top-down« erzielen?
Welcher Paradigmenwechsel im Management ist nötig? Was sind
die Geschäftsmodelle der Zukunft? Erwarten Sie Antworten.
Und machen Sie sich bereit für die zehnte Mutprobe.*

»Was sollen wir machen?«, hatte es bei dem Automobilhersteller resigniert geheißen. »Unser Markt ist gesättigt.
Zumindest in Europa. Nur in China und den Schwel-
lenländern können wir noch wachsen.« Ich hielt dagegen. Gesättigte Märkte – daran glaube ich nicht. Oder
sagen wir: Ich glaube, dass mutlose Vertriebskonzepte,
verstaubte Geschäftsmodelle und nachlassende Kreativität das größere Problem sind, wenn bei einem Unternehmen die Umsatzkurve nicht weiter nach oben will. »Lassen Sie
uns ein Experiment machen«, schlug ich dem Autobauer vor. »Sehen
wir uns den Großkundenvertrieb an und schauen wir, ob hier nicht
doch frischer Wind möglich ist.« Nach einigem Hin und Her bekam
ich grünes Licht. Ich durfte mir die Teams im Vertrieb für Kunden
mit durchschnittlich mehr als zehn Fahrzeugkäufen pro Jahr genauer
ansehen. Warum stagnierte hier alles? Und warum war man sich so

> **Märkte gesättigt,
> nichts geht mehr –
> oder doch?**

shutterstock.com/Krom

Was würden Sie tun, wenn das Ihre Halde wäre? In den Markt drücken – oder neue Konzepte und Lösungen suchen?

verdammt sicher, dass mehr Geschäftsvolumen einfach nicht machbar sei?

Okay, dachte ich auf der Fahrt zu einem der Vertriebsteams, so ein bisschen ist das auch der Zeitgeist: über »Nullwachstum« zu philosophieren. Sich zu fragen, ob wir nicht »genug« haben. Zu überlegen, inwiefern man sich noch so sehr anstrengen will wie früher. Aber fragen Sie einmal die Bäume im Wald, ob sie aufhören wollen zu wachsen. »Nullwachstum« ist doch sehr gegen das Prinzip der Natur. Wo dort etwas abstirbt, wächst sofort etwas nach. Und wo eine Spezies ihre Zeit gehabt hat, bringt die Evolution eine neue hervor. Die dann wieder kräftig wächst und Altes verdrängt. Die Business-Evolution funktioniert nicht wesentlich anderes. Vielleicht würde dem Autobauer ja ein evolutionärer Sprung guttun? Wie auch immer: Für den Augenblick war ich davon überzeugt, dass auch die bisherige Gattung mit vier Rädern und Verbrennungsmotor noch Wachstumschancen besaß.

Vor einer Niederlassung des Autobauers parkte ich meinen amerikanischen Wagen, der mir so eine angenehme Distanz zur erbitterten

Konkurrenz der deutschen Premiumhersteller verschaffte. Dann stellte ich mich dem Vertriebsteam vor und beobachtete die Mannschaft eine Zeit lang bei der Arbeit. Ich erlebte genau die Situationen, die mir erklärten, warum hier der Glaube an den Stillstand die Wachstumszuversicht abgelöst hatte. Die Leute waren fleißig und engagiert, keine Frage. Aber es mangelte ihnen an neuen Ideen für ihre Kunden. Sie entwickelten keine Konzepte, schlugen keine Lösungen vor. Sondern sie wollten ganz platt »Autos verkaufen«. Und das auch noch den falschen Leuten.

Dieses Erlebnis, auf das ich gleich noch detaillierter eingehen werde, ist typisch für ein Unternehmen in einer Branche, die ihren großen Paradigmenwechsel noch vor sich hat. Wenn man so weitermachen möchte wie bisher, erscheinen die Märkte natürlich gesättigt. Die Frage ist: Wer kann sich neue Wege vorstellen? Und wer hat den Mut, sie auch zu gehen?

Keine neuen Ideen: Symptome der Stagnation

»Ich hätte gerne mal jemanden gesprochen, der bei Ihnen für die Fahrzeuge zuständig ist«, sagte der Vertriebsmann des Autoherstellers. In der Telefonzentrale des Mittelständlers hatte sich eine freundliche Frauenstimme gemeldet. Daraufhin hatte der Vertriebler sich kurz vorgestellt. Die Logik dieses Gesprächseinstiegs leuchtete mir sofort ein: Er hatte Autos – jetzt suchte er jemanden, der sie ihm abkaufte. Den berühmten »zuständigen Ansprechpartner« also. Die Telefonistin bat um ein paar Sekunden Geduld. Wahrscheinlich scrollte sie jetzt durch ihr Telefonverzeichnis. »Dann verbinde ich Sie mal mit unserem Fuhrparkleiter, Herrn Müller«, sagte sie dann. »Einen Moment, bitte.« Schon machte es Klick – und dann tutete es wieder. Es tutete übrigens lange. Sehr lange. So ein Fuhrparkleiter hat schließlich viel zu tun: Fahrzeuge verwalten, kontrollieren und in Schuss halten, bei Pannen und Unfällen Entscheidungen treffen und

Operation Fettnäpfchen

so weiter. Bloß Autos anschaffen – oder gar über die Marke entscheiden – gehört nicht zu seinem Aufgabenbereich. Das macht der Abteilungsleiter. Oder gleich die Geschäftsleitung.

Per Rufumleitung erreichte unser Vertriebsmann endlich den Fuhrparkleiter. Der stand irgendwo auf dem Parkplatz neben einem Auto, ging ans Handy und war kurz angebunden. Zum Plaudern über die Vor- und Nachteile bestimmter Automarken hatte er gerade keine Zeit. Immerhin ließ er sich entlocken, dass seine Firma ganz auf die Produkte der Konkurrenz eingeschworen sei – vom Vertreterkombi bis zur Cheflimousine. Demonstrativ geriet unser Vertriebler jetzt ins Schwärmen über die Autos seiner Marke. Mehr Fahrspaß und so weiter. »Das ist doch die perfekte Mitarbeitermotivation!«, behauptete er, um hier kräftig zu punkten.

> *»Die wirklich guten Fahrer haben die Fliegen*
> *auf den Seitenscheiben.«* WALTER RÖHRL

Der Fuhrparkleiter schien zu überlegen, was das Wort »Mitarbeitermotivation« gleich noch mal bedeutet. Dabei kam er selbst hoch motiviert aus dem Wochenende. Der Kundenbetreuer bei seinem Autohaus hatte ihm nämlich für Samstag und Sonntag ein Cabrio in Sportausführung mit 333 PS überlassen. »Benzin ist inklusive«, hatte es bei der Schlüsselübergabe am Freitag geheißen. »Einfach mit leerem Tank zurückgeben.« Dabei hatte der Kundenbetreuer vielsagend mit dem linken Auge gezwinkert. Bevor der Fuhrparkleiter völlig das Interesse am Gespräch verlor, machte unser Vertriebsmann einen letzten Versuch: »Wie wär's mit einer Komplettlösung: vollständiges Flottenmanagement! Da besorgen wir dann auch Fahrzeuge jeder anderen Marke«, trumpfte er auf.

Flottenmanagement? Der Fuhrparkleiter musste diesmal nicht lange nachdenken. Das war doch genau seine Aufgabe! Da ruft also jemand an, um ihm seinen Arbeitsplatz wegzunehmen – Frechheit! Mit ein paar knappen Worten beendete der Fuhrparkleiter das Gespräch. Kein Interesse, bitte auch nicht wieder anrufen. Dankeschön. Wiederhören. Und der Vertriebsmann? Er schaute mich ratlos an und wusste nicht, was er hätte besser machen sollen.

Ich hätte da schon einige Vorschläge. Zum Beispiel mit dem Geschäftsführer zu sprechen statt bloß mit einem Teamleiter. Mit dem Chef über Themen wie Mitarbeitermotivation und effizientes Fahrzeugmanagement zu reden. Denn das ist seine Managerperspektive, das interessiert ihn. Am besten hätte mir ein mutiges neues Konzept gefallen, für das der Kunde gewonnen werden kann, weil es ihm bisher ungekannte Vorteile bietet.

Mut im Beruf: Wer braucht ihn, wer hat ihn?

Vor einiger Zeit las ich in einer Zeitung von einer »Rangliste der 50 gefährlichsten Berufe«. Demnach haben Gerüstbauer eine deutlich geringere Lebenserwartung als Lehrer. Sprengmeister sind schneller unter der Erde als Pfarrer. Man hätte sich so etwas denken können. Auch wenn der direkte Rückschluss vom statistischen Todeszeitpunkt auf die Gefährlichkeit des zuvor ausgeübten Berufs logisch nicht ganz sauber ist. Ich nahm den Artikel zum Anlass, einmal zu überlegen, für welche Berufe es eigentlich Mut braucht.

Polizisten, Soldaten oder Personenschützer fielen mir als Erstes ein. Da geht es um das Thema Sicherheit. Dachdecker, Industriekletterer, Bergleute kamen mir dann in den Sinn. Hier geht es um Technik und Handwerk. Dann musste ich an Akrobaten, Löwenbändiger oder Kunstflieger denken. Dort steht der Beruf im Dienst des Nervenkitzels für das Publikum. Schließlich dachte ich noch an Astronauten, Testpiloten und andere Wissenschaftler und Ingenieure, die sich in schwer beherrschbare Situationen begeben. Allen ist gemeinsam, dass sie schwere Fehler in ihrem Beruf mit dem Leben bezahlen können.

Das unterscheidet ihren Mut vom Mut im Business. Wir können im Business vielleicht Geld verlieren. Manchmal sogar sehr viel Geld. Aber kein Geschäft ist so riskant, dass es uns umbringen könnte. Da beschlich mich so eine Ahnung: Kann es sein, dass in den Büros auch deshalb die »Angst vor der Angst« kursiert, weil es um so viel gar nicht geht? Haben wir nicht oft eine »Luxusangst«, die sich ein Sprengmeister oder Testpilot gar nicht leisten könnte? Und sind Menschen in den »gefährlichen« Berufen vielleicht deshalb mehr auf das Hier und Jetzt fokussiert, weil es tödlich sein könnte, abzuschweifen?

Über diese Fragen kam ich sehr ins Nachdenken. Wie geht es Ihnen damit?

Wo Stagnation herrscht, da klemmt es immer im Vertrieb. Egal, ob im Mittelstand oder bei den Konzernen. Brav haben die Kunden über einen längeren Zeitraum bestimmte Angebote nachgefragt. Die Anbieter betrachten diese Nachfrage wie ein Naturgesetz. In aller Ruhe teilen sie zunächst den Markt unter sich auf und verteidigen dann ihren »Claim«. Und so wundern sie sich irgendwann, dass kein Wachstum mehr stattfindet. Der Grund ist schlicht, dass die Firmen nicht mehr innovativ sind, sich keine neuen Lösungen für ihre Kunden mehr ausdenken, sondern den Kunden nur noch hinterherrennen.

Die Lösung: Kunden strategisch entwickeln

Der »Stocki-Effekt«

Wenn Sie einen Hund haben, dann kennen Sie wahrscheinlich den »Stocki-Effekt«. Herrchen oder Frauchen hebt einen »Stocki« auf, holt aus – und noch bevor der Stock überhaupt in der Luft ist, rennt der Hund bereits in die voraussichtliche Flugrichtung. Bei einem Telekommunikationsdienstleister, den ich einmal kennengelernt habe, gab es diesen Effekt auch. Er sah so aus: Ein Kunde ruft an und sagt: »Wir brauchen zehn Mobilfunk-Karten. *Sofort.*« Daraufhin bricht hektische Aktivität aus. Die werden sicher noch anderswo fragen – deshalb: Guten Preis machen, sorgfältig das Angebot ausarbeiten und vor allem heute noch raus damit. So geschieht es. Daraufhin herrscht Funkstille. Der Kunde meldet sich nicht mehr. Er hat ein Stöckchen in die Luft gehoben – und schon ist der Vertrieb in die voraussichtliche Flugrichtung gerannt.

Was Hundebesitzer auch kennen: Wenn sie den »Stocki« gar nicht werfen, bleibt der Hund nach ein paar Metern wieder stehen, schaut sich um und guckt fragend zu Herrchen. Ungefähr so guckte auch der Vertriebsmitarbeiter, als er den Kunden anrief, um nachzufragen, was denn nun mit den zehn Mobilfunk-Karten sei. »Ach ja, wir überlegen noch«, hieß es da am Telefon. »Wir haben auch noch andere sehr gute Angebote bekommen. Aber es ist noch nichts entschieden.« Herrgott nochmal! Der Vertriebsmensch war sauer. Erst ging es denen nicht schnell genug – und jetzt?

So ähnlich geht es Tag für Tag zu in den sogenannten »gesättigten Märkten«. Doch hier kommt die gute Nachricht: Im Vertrieb liegt nicht nur das Problem, sondern auch die Lösung. Denn:

Wachstum entsteht heute aus neuen Vertriebsansätzen.

Mit den neuen Vertriebsansätzen geht neues Denken im Management einher. Und aus beidem entstehen schließlich neue Geschäftsmodelle für noch mehr Wachstum.

Der Vertriebler der Zukunft ist eine Mischung aus strategischem Berater und Verkäufer. Er läuft nicht den Wünschen des Kunden hinterher wie einem »Stocki«. Er macht es genau umgekehrt: Er denkt für den Kunden voraus, antizipiert dessen nächstes Bedürfnis – und lässt dann den Kunden *ihm* folgen. Ein solcher Vertrieb ist wieder das, was ein Vertrieb früher war und auch sein sollte: der Wachstumsmotor des Unternehmens. Seine Aufgabe ist es, den Kunden strategisch zu entwickeln. Der alte Typ des »Drückers« oder »Hardsellers« – oder gar des bürokratischen »Abwicklers« von Kundenaufträgen – ist hier gänzlich fehl am Platz. Das Berufsbild im Vertrieb wird sich deshalb weiter wandeln. Vertriebler müssen kreative, strategische Denker und durchsetzungsfähige Macher in einem sein.

Ein solcher »konsultativer Vertrieb« nimmt Kundenwünsche nicht entgegen, sondern hinterfragt sie. Er verkauft auch keine Produkte, sondern ganzheitliche Konzepte und Lösungen. Dazu ist er gegenüber jedem einzelnen Kunden permanent im »Lernmodus«. Er lernt ihn durch Aufmerksamkeit und Empathie immer besser kennen und ist dadurch in der Lage, als Partner auf Augenhöhe immer nützlichere und sinnvollere Angebote zu machen. Sagt ein Kunde »Wir brauchen zehn Mobilfunk-Karten. *Sofort*«, dann erwidert ein so gepolter Vertriebler: »Stopp! Was ist denn bei Ihnen los? Für wen sollen die zehn Karten sein?«

Der Schlüssel: »konsultativer Vertrieb«

Daraufhin entfaltet sich ein Gespräch, in dem der Vertriebler auftritt wie ein Unternehmensberater. Oder im Privatkundengeschäft wie ein persönlicher »Coach«, der hilft, auf die beste Lösung zu kommen. Hat der Vertrieb alle nötigen Informationen beisammen, wird kein Angebot in den Rechner gehackt, sondern ein *Konzept* erstellt. Der Kunde braucht ja tatsächlich keine zehn neuen Mobilfunk-Karten, sondern er hat auf einen Schlag zehn Außendienstler eingestellt, die mit der Zentrale kommunizieren müssen. Wer so viele neue Leute einstellt, muss Erfolg haben. Jetzt ist doch die Gelegenheit für eine Investition in die Zukunft! Zum Beispiel in eine neue mobile Kommunikationslösung, die vielleicht auch iPads nutzen könnte. Das alles intelligent vernetzt.

Der Vertrieb erstellt also ein Angebot, das zunächst einmal eine Komplettlösung vorschlägt. Dann gibt es meistens unterschiedliche Varianten, wie sich diese Idee mithilfe von Produkten umsetzen lässt. Sollten auch Produkte nötig sein, die nicht zum eigenen Angebot gehören – kein Problem, diese werden selbstverständlich gleich mit besorgt. Das Ziel: alles aus einer Hand. Genauso könnte es auch der Autohersteller in seinem Großkundenvertrieb machen.

Gestatten, BMW, Mercedes oder Audi – Ihr ganzheitlicher Mobilitätsdienstleister. Wir versorgen Sie nicht nur mit unseren Autos, sondern mit sämtlichen Fahrzeugen, die Sie brauchen. Als BMW bringen wir Ihnen bei Bedarf auch einen Unimog vorbei. Aber warum lassen Sie uns nicht gleich auch Ihre Flugtickets buchen? Den Airport-Transfer für den Chef beim Kongress in Chicago organisieren? Für Sie ausrechnen, ob eine Bahnfahrt nach Hannover schneller und günstiger wäre als eine Autofahrt? Und Ihnen dann am Hauptbahnhof Hannover wiederum ein Auto bereitstellen? Oder ein Taxi schicken – das Sie genauso mit der monatlichen Abrechnung zahlen, weil der Fahrer seine Rechnung an uns sendet?

Solche Lösungen verkauft man nicht, wenn man mit dem Fuhrparkleiter spricht. Sondern hier ist Mut gefragt. Der Mut zu dem Satz: »Ich hätte gerne den Chef gesprochen.« Denn: »Wir haben da eine Idee, die ihn interessieren wird.« Wer wachsen will, der muss »die Treppe von oben kehren«. Er muss erkennen, was die Probleme der jeweils zu-

Die Toolbox für den »konsultativen Vertrieb«

Die folgenden Punkte zeigen Ihnen, wie ein Vertrieb vorgeht, der mutig Wachstum schafft, statt auf Aufträge zu warten.

Top-down vorgehen

Oben anfangen, die Bedürfnisse des Managements erkennen und sich dort grünes Licht holen.

Visionen und Ziele des Kunden erkennen

Mit »Hebammenfragen« herausfinden, was dem Kunden wirklich weiterhilft. Der Kunde selbst weiß es in den seltensten Fällen.

Strategischer Berater sein

Erst die intelligente Lösung entwickeln, dann an die nötigen Produkte denken. Verkauf steht am Schluss, nicht am Anfang.

Marktkenner sein

Immer auf dem Laufenden bleiben, Märkte, Trends und Megatrends kennen – und in der Lage sein, daraus Geschäftschancen abzuleiten.

Projekte priorisieren

Nicht alles machen, was möglich wäre, oder alles anbieten, was im Angebot ist. Unbedingt Prioritäten setzen und nur den besten Weg gehen.

Machtstrukturen analysieren

Das »informelle Organigramm« eines Firmenkunden kennen: Wer hat Macht, wer hat Einfluss, wer hat beides? Folge: Immer wissen, wer der erste Ansprechpartner ist.

ständigen Manager sind. Herausfinden, was diesen ihren Job erleichtern würde oder zu Erfolgserlebnissen verhelfen könnte.

Die besten Vertriebler steigen im Zweifel lieber eine Etage zu hoch ein als zu tief. Sie begeistern den Topmanager für ein visionäres Konzept und holen sich dafür grundsätzlich grünes Licht. Die allerbesten Vertriebler kennen zudem das »informelle Organigramm« bei ihren

Firmenkunden. Sie sprechen zuerst mit den »grauen Eminenzen« und den »Einflüsterern« der Vorstände und Abteilungsleiter. Wer einen solchen Vertrieb haben möchte, braucht eine neue Managementkultur. Er braucht den Mut zu einem Paradigmenwechsel im Management.

Paradigmenwechsel im Management

Der Ansatz der radikalen Innovation

Ein Vertrieb, der für die Kunden ständig neue Lösungen findet – gibt es da nicht noch ein kleines Problem? Richtig, es war doch früher einmal die Aufgabe des Managements, Lösungen zu finden. Und der Vertrieb sollte diese dann verkaufen. Das ist die alte Vorstellung von Management und die alte Lehre des Fortschritts. Das Topmanagement legt die Strategie fest. Kaskadenartig entstehen dann Ideen und Konzepte, mit abnehmender kreativer Leistung nach »unten« hin. Unten wird nur noch »verkauft«. Das war lange Zeit der Weg. Aber es war und ist eben auch der Weg in die gesättigten Märkte. Am Schluss steht die Stagnation, das Ende des Wachstums.

»Unten«, das ist nämlich auch da, wo der Kunde ist. Und dort entstehen in Zukunft die Strategien, Ideen und Konzepte. Kollaborativ und im ständigen Dialog mit dem Kunden kann jeder im Unternehmen bei der Entwicklung neuer Strategien mithelfen. Ja, er ist sogar ausdrücklich dazu aufgefordert. Das ist der »Ansatz der radikalen Innovation«. Er erfordert einen Paradigmenwechsel im Management. Und dieser wiederum erfordert – Mut. Mut, die alten Wege zu verlassen. Mut, Macht und Einfluss abzugeben. In Unternehmen, wo es an diesem Mut fehlt, klaffen Worte und Taten weit auseinander. Auf der intellektuellen Ebene stimmt das Topmanagement dem »Ansatz der radikalen Innovation« schnell zu. Aber es herrscht trotzdem Stagnation.

Nötig ist der Mut zum Regelbruch. Ein Ruck muss durch die Unternehmen gehen. Alte Zöpfe müssen weg. Das sagt sich leicht – und ist doch in den meisten Fällen unendlich schwierig. Es ist eine Mutprobe. Es gilt, die Komfortzone zu verlassen und sich auf unbekanntes Terrain zu begeben. Ohne Erfolgsgarantie. Doch wo keine einfachen Steigerungen mehr möglich sind, da haben die originellsten Geschäftskonzepte das größte Potenzial. Vor 15 Jahren fragten viele noch: »Wer will schon Bücher übers Internet kaufen?« Heute ist Amazon der größte Versandhändler der Welt. Quelle und Neckermann sind pleite. Als vor einiger Zeit Zalando an den Start ging, hieß es wieder: »Wer will schon Schuhe übers Internet kaufen?«

»Nullwachstum« ist auch deshalb keine Lösung, weil nicht Wachstum unser Problem ist, sondern blindes Wachstum. Immer mehr vom Gleichen – das funktioniert irgendwann nicht mehr. Besonders bitter ist diese Erkenntnis für jene Konzernlenker, die über eine riesige Bürokratie herrschen, die um dieses »Mehr vom Gleichen« herum gewachsen ist. Sie droht zu zerfallen, wenn das herkömmliche Wachstum wegfällt. Je größer die Kapitalreserven, desto länger kann der Niedergang hinausgezögert werden. Aufzuhalten ist er nicht. Hier hilft nur Mut zur radikalen Innovation. Auch in Konzernen. Sie haben die Chance, zu »grauhaarigen Revolutionären« zu werden, wenn der Mut da ist und der eiserne Wille.

Das Internet trägt vielleicht am meisten dazu bei, den Wandel zu erzwingen. Welches Rezept hat ein Konzern wie die Deutsche Telekom gegen Skype? Wem wollen Renault, PSA oder Fiat noch einen Kleinwagen verkaufen, wenn an jeder Ecke einer bereitsteht, der online oder über das Smartphone kurzfristig gebucht werden kann? Wer beantragt noch mühsam und mit nervigen Formularen und Nachweisen bei der Commerzbank einen Kleinkredit, wenn man über »Crowdfunding« via Internet das Geld auch von Gleichgesinnten bekommt, die einen unterstützen wollen? Und das im Handumdrehen und nicht erst nach Monaten.

Acht Prozessschritte für mehr Wachstum und Gewinn

1. **Qualifying:** Stimmen die Voraussetzungen?

2. **Konzept:** Haben Sie mehr als Produkte zu bieten?

3. **Analyse:** Was braucht Ihr Kunde wirklich?

4. **Ideenfindung:** Was passt perfekt zum Kunden?

5. **Offering:** Können Sie ehrlich überzeugen?

6. **Closing:** Wissen alle, wann der Deckel drauf muss?

7. **Implementierung:** Können Sie sämtliche Versprechen einhalten?

8. **Measuring:** Ist der Erfolg Ihrer Lösung messbar?

Wer verkaufen will, muss Lösungen bieten. Dafür muss auch das Management aufhören, in Produkten zu denken. Und anfangen, ausschließlich in kreativen und einzigartigen Lösungen zu denken. Das erfordert den radikalen Perspektivwechsel hin zum Kunden. Unternehmen, die selbstgefällig um sich und ihre Produkte kreisen, sind da chancenlos. Der nötige Mentalitätswandel hat deshalb nicht nur mit Mut, sondern auch mit Loslassen zu tun. Damit, sich selbst und die eigene Organisation nicht mehr so wichtig zu nehmen. Stattdessen mit dem Kunden ganz andere Gespräche, auch persönlichere Gespräche zu führen, als man es die letzten 30 Jahre gewohnt war. Das bedeutet für manche Unternehmen eine Revolution.

Vor Kurzem saß ich mit dem Topmanager eines Medizintechnikherstellers zusammen. Er wollte mich ein wenig hinters Licht führen, was ihm auch gelang. Der Manager fragte mich: »Wie erobern Sie eine mittelalterliche Burg?« Dann malte er die Burg auf, aus der Vogelperspektive. Um eine großen Burghof riesige, dicke Mauern, an jeder der vier Ecken ein Turm, ein Wassergraben drum herum und nur ein Burgtor mit Zugbrücke. Gut, dachte ich: Gegen die Mauern anzurennen, dürfte sinnlos sein. Die Burg hat nur eine Schwachstelle: den Eingang. Also müssen wir da irgendwie rein. »Falsch«, meine der Manager. »Wir nehmen Hubschrauber und landen damit im Burghof.« Wieso war ich in der Denkfalle gelandet? Weil man bei »mittelalterlicher Burg« eben meint, es stünden nur die Werkzeuge des Mittelalters zu Verfügung. Dabei weiß doch jeder, dass es längst Hubschrauber gibt. Also: Neues Wissen bitte auch anwenden!

Neue Geschäftsmodelle braucht das Land

Neulich in Hamburg kam ich an einer Filiale von Vorwerk vorbei. Ich stutzte. Vorwerk? Das waren doch die mit den Staubsaugervertretern. Jahrzehntelang verkaufte ein reiner Direktvertrieb der geneigten Hausfrau den bewährten »Kobold«. Das Erfolgsrezept: Auf dem heimischen Wohnzimmerteppich wird das Wunderding gleich ausprobiert. Und jetzt plötzlich Filialen? Auf der Website von Vorwerk lernte ich später, dass der Wuppertaler Mittelständler inzwischen nicht mehr allein auf den »Kobold« setzt. Sondern auch ein neuartiges Küchengerät entwickelt hat, das alle anderen Küchenwerkzeuge ersetzen soll. Leider lässt sich das den potenziellen Kunden nicht so schnell zu Hause vorführen wie ein Staubsauger. Vielleicht auch deshalb die neuen Filialen, inklusive Showküche.

Wen interessiert, was gestern war?

Neue Geschäftsmodelle, die wieder auf Wachstumskurs führen, beginnen mit dem Mut, sich von ehernen Traditionen zu verabschieden. Vorwerk und Filialen – das war früher undenkbar. Aber das Geschäft mit den Staubsaugern stagnierte offenbar. Deshalb mussten neue Lösungen, Produkte und Vertriebskonzepte her. Eine Revolution ist das sicher nicht. Aber darum geht es mir an dieser Stelle auch gar nicht. Sondern um den ersten Schritt, weg vom gewohnten Modell und hin zu einem besseren. Denn diese kleinen Schritte können viel bewirken.

Ein weiteres Beispiel für einen kleinen Schritt mit großer Wirkung für das Wachstum ist McCafé von McDonald's. Irgendwann war es anscheinend ausgereizt, den ganzen Tag über die immer gleichen

shutterstock.com/Feng Yu

Fast 25 Prozent Wachstum im Jahr mit Kaffee? McDonald's hat das geschafft.

Burger, Pommes Frites und Salate anzubieten. Frühstück gab es auch schon. Bloß ein Angebot zur Kaffeezeit noch nicht. Doch diesmal wurde nicht mehr einfach das Sortiment erweitert, sondern es entstand eine eigene Submarke: eben McCafé. Vorbild war der Siegeszug der Kaffeebars, insbesondere von Starbucks. Das neue Geschäftsmodell Coffeebar wurde kurzerhand in das alte Modell Schnellrestaurant eingefügt.

Auch McCafé von McDonald's verließ festgefahrene Wege bei einem Unternehmen: Hier gibt es jetzt frisch gemahlenen Kaffee in Premiumqualität statt Instantbrühe. Serviert in ansprechenden Porzellantassen anstelle der sonst üblichen Pappbecher. Das Geschirr bei McCafé sah anfangs sogar so edel aus, dass der »Schwund« zu hoch war und man deshalb zu einem etwas schlichteren Design wechseln musste. Schließlich wurden die Café-Bereiche der Filialen von McDonald's in einem Stil ausgestattet, der früher in einem Schnellrestaurant undenkbar gewesen wäre: Holz und Leder in warmen Tönen und als Blickfang coole Sessel, die an den »Eames-Chair« erinnern. Insbesondere an Flughäfen und Bahnhöfen erreicht McDonald's so neue Kundengruppen. Nach Angaben des Unternehmens wuchs der Coffeebar-Markt in Deutschland in den letzten Jahren um jährlich circa vier Prozent, McCafé jedoch um fast 25 Prozent im Jahr.

Noch größere Wachstumschancen bietet in der Regel nur die radikale Geschäftsmodellinnovation. Sie verändert oder erweitert ein bestehendes Geschäftsmodell nicht nur, sondern setzt ganz neu an und schafft etwas, das die Menschen verblüfft. Solche radikalen Innovationen sind selten. Sie definieren die Regeln einer Branche neu. So revolutionierte Ikea in den 1960er-Jahren nicht nur die Möbelbranche, sondern gleich den gesamten Handel durch sein Cash-and-carry-Prinzip. Drei Jahrzehnte später machte Ebay mithilfe des Internets Auktionen zu einem festen Bestandteil des Einkaufsverhaltens breiter Bevölkerungsgruppen.

TIPP

Vier Erfolgsmodelle, die übertragbar sind

Die Unternehmensberatung Roland Berger nennt vier innovative Geschäftsmodelle, die in den vergangenen Jahren Furore gemacht haben. Diese können Ideenlieferanten sein. Sie lassen sich noch auf andere Branchen übertragen, die mit ihren bisherigen Businessmodellen nicht mehr wachsen können. Hier sind sie:

Rasierklingen-Modell
Das Grundprodukt wird preiswert abgegeben, das Verbrauchsmaterial dagegen teuer (und margenstark) verkauft.
Pionier: Gillette (Rasierer / Rasierklingen)
Aktuelles Beispiel: Nespresso (Kaffeemaschine / Kapseln)

System-Angebots-Modell
Es werden unterschiedliche Produkte angeboten, die sich komplementär ergänzen und einen Netzeffekt generieren.
Pionier: JVC (Videorekorder / VHS-Kassetten)
Aktuelles Beispiel: Apple (iPod, iPad, iPhone / iTunes und AppStore) ▶

Finanzierungsmodell

Kostenlose (oder stark subventionierte) Abgabe des Produkts und Finanzierung über Nutzungsentgelte.

Pionier: Mobilfunkbranche (Handy/Verbindungsgebühren)

Aktuelles Beispiel: Better Place (Elektrofahrzeug/Leihbatterien)

»Freemium«-Modell

Grundleistungen sind kostenlos, weitere Premiumleistungen kosten extra.

Pionier: Internet-Portale (Xing, WetterOnline usw.)

Aktuelles Beispiel: Skype

(Quelle: Roland Berger Strategy Consultants)

Heute scheinen ganze Branchen auf das nächste Ikea oder Ebay fast schon zu warten. Von den Problemen der Automobilindustrie im Vertrieb war bereits die Rede. Tatsächlich gibt es in den Autokonzernen erste Überlegungen, das Geschäftsmodell radikal zu verändern und sich als Mobilitätsdienstleister neu zu erfinden. »Wir werden vom Automobilhersteller zum Anbieter von Mobilität«, sagte zum Beispiel Daimler-Chef Dieter Zetsche im April 2012 der *Süddeutschen Zeitung*. Das Problem: Noch lässt sich mit Carsharing & Co. kaum Geld verdienen, während in China eine voll ausgestattete S-Klasse nach der anderen mit traumhafter Marge vom Hof rollt. Autokonzerne wie Daimler stecken in einem Dilemma: Geschäftsmodellinnovationen rechnen sich nicht sofort. Bei einem plötzlichen Ölpreisschock oder radikal verschärften Umweltauflagen könnte es aber schon zu spät sein, das Geschäftsmodell zu erneuern. Hier ist Mut gefragt.

Das betrifft auch die Banken, um ein letztes Beispiel zu nennen. Jahrelang haben da einige die Einlagen ihrer Kunden wie Spielgeld betrachtet und regen Eigenhandel betrieben. Gleichzeitig wurde den Kunden immer weniger Service geboten. Selbstbedienung an Geldautomaten, Überweisungsterminals, Kontoauszugsdruckern und im Onlinebanking war angesagt. Intensive Beratung rund ums Thema Geld bekamen nur noch die richtig Reichen unter der Überschrift Private Banking. Doch jetzt wird es gefährlich für die Banken.

Unternehmen entdecken alternative Finanzierungsformen. Sie gehen direkt an den Kapitalmarkt und lassen die Banken auf ihren Krediten sitzen. Privatleute sehen Banken zunehmend kritisch und stellen deren Geschäftsmodell infrage. So baut sich auch politischer Druck auf. Gegen Banken lässt sich heute Wahlkampf machen. Gleichzeitig bringt das Internet Alternativen zum Bankkredit für jedermann hervor. Online-Kreditplattformen vermitteln Geld von privat an privat. Wie reagieren die Banken?

Auch hier sind die mutigen »First Mover« nicht unbedingt auf Anhieb sensationell erfolgreich. Die Quirin-Bank etwa setzt auf Honorarberatung als Alternative zum üblichen Bankvertrieb mit seinen intransparenten Provisionen. Vorstandssprecher Karl Matthäus Schmidt bezeichnet seine Bank vollmundig als »fairste Bank Deutschlands« und hält seit Jahren Vorträge zum Thema. Doch sein Institut kam 2010 auf eine Bilanzsumme von gerade einmal 405 Millionen Euro. Europas größte Bank, die britische HSBC, erreichte ein Jahr später 2,556 Billionen US-Dollar Bilanzsumme.

Den Mut zur Innovation dürfen solche Zahlen nicht vertreiben. Auch der Erfinder des World Wide Web, Tim Berners-Lee, wurde mit seiner Erfindung nicht reich. Erst als »Big Business« und »Big Money« das Internet entdeckten und große Kapitalströme in die Technik flossen, kam der Durchbruch. Das dauerte eine Weile, doch die Revolution fand dann umso gewaltiger statt. Und wer würde heute bestreiten, dass das zunächst so unscheinbare, für rein wissenschaftliche Zwecke entwickelte World Wide Web der größte Wachstumsmotor der letzten Jahre war?

Ihre zehnte Mutprobe

Überlegen Sie, wann Sie in der letzten Zeit als Kunde mit der Leistung eines Unternehmens nicht voll zufrieden waren. Was hätte ein Anbieter aus Ihrer Sicht besser machen können? Geben Sie zu diesem Punkt Feedback. Machen Sie einen Verbesserungsvorschlag. Aber nicht per Onlineformular oder gegenüber einem Callcenter. Sondern direkt an die Chefetage. Sie kennen den Chef nicht persönlich? Auch niemanden aus dem Topmanagement? Gut so. Dann telefonieren Sie sich eben durch, bis Sie Ihre Kritik und Ihre Empfehlung so weit »oben« wie möglich loswerden. Das ist die Mutprobe.

Auch diese Mutprobe können Sie wieder in drei Schwierigkeitsgraden bestehen:

Stufe 1: Sie sprechen mit dem Geschäftsführer eines Kleinunternehmens oder dem Teamleiter einer großen Firma.

Stufe 2: Sie unterbreiten Ihren Verbesserungsvorschlag dem Geschäftsführer eines Mittelständlers oder dem Abteilungsleiter eines Konzerns.

Stufe 3: Sie plaudern mit dem Vorstandsmitglied eines Konzerns am Telefon über Wachstum, neue Geschäftsmodelle und verpasste Chancen.

Achtung: Wen Sie bereits vor der Mutprobe persönlich kennen, der zählt als Gesprächspartner nicht. Durchtelefonieren, bitte!

ELFTE MUTPROBE

Krisen meistern

*Warum ist Nichtstun die mutigste Krisenreaktion? Weshalb sollten
Sie auf Spielverderber hören? Was haben Krisen mit Kreativität
zu tun? Warum ist Projektmanagement besser als Krisenmanagement? Inwiefern sind Krisen der Normalfall? Erwarten Sie
Antworten. Und machen Sie sich bereit für die elfte Mutprobe.*

Stellen Sie sich bitte folgendes Szenario vor: Sie sind zu einem zweitägigen Training in Hamburg. Ob Ihr Chef Sie
hierhin beordert hat oder Sie aus eigenem Antrieb gekommen sind, um etwas für Ihre Weiterbildung zu tun,
spielt keine Rolle. Es ist genau so, wie Sie das schon oft bei
Fortbildungen erlebt haben. Das Training findet in einem
schicken Businesshotel statt. Sofern Sie nicht aus Hamburg
oder der Umgebung stammen, haben Sie wahrscheinlich in
einem der schönen Zimmer geschlafen und sich morgens nach
dem Joggen an einem opulenten Frühstücksbüffet gelabt. Um kurz vor
neun Uhr kommen Sie ganz entspannt in den Seminarraum »Alster«.
Ihr Trainer begrüßt Sie freundlich mit Ihrem Namen und sagt dann:
»Willkommen zur Super-Challenge.«

An dieser Stelle stutzen Sie zum ersten Mal. Das Thema des Trainings
hatten Sie irgendwie anders in Erinnerung. Zum zweiten Mal wun-

**Was tun in
einer plötzlichen
Krisensituation?**

Von Hamburg nach München kann es weit sein. Verdammt weit ...

dern Sie sich, als der Trainer die Tür des Seminarraums hinter sich schließt. Sind Sie etwa der einzige Teilnehmer? Vollends aus dem Konzept geraten Sie, als der Trainer Sie jetzt auffordert, Ihre Brieftasche, Ihr Mobiltelefon, Ihren Autoschlüssel, sämtliches Geld und sämtliche Plastikkarten in die auf einem Tisch bereitstehende Box zu legen. Der Trainer wird diese Box hüten wie seinen Augapfel. Sie jedoch werden keinen der darin befindlichen Gegenstände in den kommenden anderthalb Tagen benötigen. Dann geht der Trainer zum Flipchart und erklärt Ihnen die Spielregeln der »Super-Challenge«.

Sie haben jetzt bis übermorgen Mittag, 13 Uhr, Zeit, um nach München zu gelangen. Ohne Geld, Plastikkarten und eigene Kommunikationsmittel. Sie müssen dabei sämtliche Gesetze und Vorschriften beachten. Unterwegs sollen Sie hundert Euro verdienen und diese später für einen guten Zweck spenden. Außerdem sollen Sie auf dem Weg unentgeltlich eine gute Tat leisten. Sie dürfen keine Schulden machen, also auch keine Leistungen in Anspruch nehmen, die Sie später bezahlen müssten. Auch dürfen Sie Freunde, Kollegen, Verwandte oder Bekannte nicht um Hilfe bitten. Als Sie die Spielregeln kennen, begleitet Ihr Trainer Sie noch nach draußen und verabschiedet sich dann von Ihnen. Es ist ein schöner Morgen in der City von Hamburg. Bloß etwas kühl für die Jahreszeit. Vielleicht hätten Sie einen Pullover unterm Jackett anziehen sollen?

Wie geht es Ihnen jetzt? Und was machen Sie als Erstes? Eines ist klar: Wenn Sie in Panik geraten, werden Sie niemals in München ankommen. Was Sie jetzt brauchen, ist ein klarer Kopf. Und Ideen. Und dann einen Plan. Am besten setzen Sie sich erst einmal irgendwo auf eine Parkbank und denken nach …

(Übrigens: Wenn Sie glauben, dass die Super-Challenge genau das Richtige für eine Ihrer Führungskräfte wäre, dürfen Sie sich gerne bei mir melden!)

Die Situation annehmen – und in Ruhe analysieren

Die typische Krisenreaktion besteht in Hektik und Stress. So war es zumindest in den meisten krisengeschüttelten Unternehmen, die ich in den letzten 25 Jahren kennengelernt habe. Die Menschen reagieren immer gleich. Ist die Krise da und lässt sie sich nicht mehr leugnen, herrscht blankes Entsetzen. Flüche werden ausgestoßen und man schreit sich gegenseitig an. Dahinter steckt Angst. Sie wird mit hektischem Aktionismus überspielt und dadurch leider noch größer. Wie wäre dieser Angst mutig zu begegnen? Ganz einfach: durch Nichtstun.

Abwarten wird zur Qual – und ist doch richtig

Die beste Krisenreaktion besteht darin, erst einmal gar nichts zu machen. Wenn Sie plötzlich allein, ohne Geld und ohne Handy in der City von Hamburg stehen und nach München müssen, dann setzen Sie sich am besten erst einmal in Ruhe hin und überlegen. Das erfordert Mut, weil es kontraintuitiv ist. Die plötzliche Krise setzt Sie unter Stress und flutet Ihren Körper mit Adrenalin. Kampf, Flucht oder Totstellen – das sind die archaischen Programme. Wie viele der 750 Kilometer glauben Sie zu schaffen, wenn Sie einfach losrennen? Okay, wenn Sie sich totstellen, kommt irgendwann ein Rettungswagen. Aber der bringt Sie in ein Hamburger Krankenhaus und nicht nach München.

Krise – was ist das eigentlich?

Das Wörterbuch definiert eine Krise so: *schwierige Lage, Situation, Zeit [die den Höhe- und Wendepunkt einer gefährlichen Entwicklung darstellt]; Schwierigkeit, kritische Situation; Zeit der Gefährdung, des Gefährdetseins* (Quelle: *Duden Deutsches Universalwörterbuch*, 5. A., 2003). Doch was genau sind Krisen im Business, die mutiges Handeln erfordern? Hier ist eine kleine Liste, ohne Anspruch auf Vollständigkeit:

Der Umsatz bricht dramatisch ein
Oft ist das der eindeutigste Krisenindikator.

Einer der profitabelsten Kunden springt ab
Werden ihm weitere folgen?

Wichtige Mitarbeiter kündigen
In Zeiten des »War for talents« bedeutet das Alarmstufe Rot.

Ein Strategiewechsel stellt sich als Fehlschlag heraus
Was bringt das Schiff jetzt wieder auf Kurs?

Der Warenbestand wächst und wächst
In Industrie und Handel ist das Selbstmord auf Raten.

Investitionsstau bei der Technologie
Wie weit ist der Wettbewerb mit besserer Technik schon voraus?

Die Unternehmernachfolge wird nicht oder falsch geregelt
Ein Lebenswerk lässt sich innerhalb von Monaten zerstören.

Der Unternehmer oder CEO steckt in einer Lebenskrise
Beruf und Privates durchdringen sich stets gegenseitig.

Da unsere Ur-Instinkte nichts nützen, wenn die Krise da ist, brauchen wir etwas anderes. Techniken zum Beispiel, die uns helfen, erst einmal Abstand zu gewinnen. Wenn der erste Schrecken vorüber ist, hilft schon eine ganz simple Mentaltechnik, die dazu dient, die Situation anzunehmen. Gehen Sie in sich und sagen Sie sich: »So ist es.« Ohne die Situation zu bewerten. Also nicht etwa: »So ist dieser Mist jetzt.«

Oder ein genervtes: »Da müssen wir jetzt wohl oder übel durch.« Nein, wiederholen Sie ganz ruhig und neutral sich selbst gegenüber: »So ist es.« Das ist jetzt die Situation. Genau so sieht es aus.

Dieses innere Annehmen der Krise ist enorm wichtig. Es hilft, einen klaren Kopf zu bewahren. Nur was wir als Tatsache annehmen, können wir verändern. Denn sonst »glaubt« unser Unterbewusstsein, es sei vielleicht doch nicht so schlimm. Dann kommen wir aber auch nicht auf eine passende Lösung. Wer sich eingestanden hat, dass die Krise da ist, der kann sich ihr mutig stellen. Und dieser Mut bedeutet tatsächlich, erst einmal gar nichts zu tun. Dieser Gedanke ist gewöhnungsbedürftig, weil wir mit Mut meistens entschlossenes Handeln verbinden. Wir wollen Mut beweisen, indem wir anpacken und etwas tun.

Psychologen nennen das den »Action Bias«. Wenn es brenzlig wird, haben wir den Drang, überaktiv zu werden. Selbst wenn es gar nichts nützt. Abwarten wird dann zur Qual. Der Autor Rolf Dobelli illustriert den »Action Bias« in seinem Buch *Die Kunst des klaren Denkens* am Beispiel eines Torwarts beim Elfmeter. Obwohl Fußballer beim Strafstoß statistisch gesehen in einem Drittel der Fälle in die Mitte des Tors schießen und zu jeweils einem weiteren Drittel nach links oder nach rechts, hechten die Torhüter zu 50 Prozent nach links und zu 50 Prozent nach rechts. In der Mitte bleiben sie so gut wie nie stehen, obwohl ein Drittel aller Bälle dort landet. Warum? »Weil es besser aussieht und sich weniger peinlich anfühlt, auf die falsche Seite zu hechten, als wie ein Trottel stehen zu bleiben und den Ball links oder rechts vorbeisegeln zu sehen«, schreibt Dobelli (S. 177).

> »*Wenn dein Leben sich in eine Tragödie verwandelt, versuche, sie als Zuschauer zu betrachten.*« CHRISTOPH SCHLINGENSIEF

Wirklicher Mut zeigt sich zu Beginn einer Krise darin, nicht mutig *erscheinen* zu wollen, sondern ruhig zu bleiben. Dort stehen zu bleiben, wo man gerade steht. Und trotz des unangenehmen Gefühls, das dieses Nichtstun mit sich bringt, die Lage in aller Ruhe zu analysieren. Ich bin immer wieder erschrocken, wie wenig Zeit sich krisengeschüttelte Organisationen nehmen, um ihre Situation zu analysieren, und wie schnell sie zu Maßnahmen übergehen. Mutige Führungskräfte verschaffen sich eine Verschnaufpause und denken nach. Sie besorgen sich dazu alle notwendigen Zahlen und Indikatoren, selbst wenn das ein paar Tage dauert. Sie klinken sich aus, fahren vielleicht sogar ein paar Tage weg. Egal, was die Leute denken. Das bringt sie der Lösung näher.

Verantwortung übernehmen – und ganz locker bleiben

Plötzlich mit dem Desaster konfrontiert ...

Es ist schon einige Jahre her, da habe ich eine Textilhandelskette beraten, der es zur damaligen Zeit nicht besonders gut ging. Wir hatten eine Testkaufstudie gemacht und ich wollte dem 20-köpfigen Führungskreis nun die Ergebnisse präsentieren. Mein Problem bei dieser Präsentation war, dass die Resultate verheerend aussahen. Es gab wirklich nicht den geringsten Lichtblick, mit dem ich den Führungskräften hätte Hoffnung machen können. Wir hatten Testkunden die unterschiedlichsten Situationen durchspielen lassen – Dame schaut nach Blusen, Herr sucht Anzug, Kunde braucht ein Geschenk, möchte umtauschen, reklamieren, etwas geändert haben und so weiter – und überall war es zum Weglaufen gewesen.

Vor dieser Präsentation hatte ich richtig Bammel. Da stellt sich ein Außenstehender hin und macht 20 gestandenen Managern klar, dass sie komplett versagt haben. Wie würden die Betroffenen reagieren? Würden sie mich überhaupt ausreden lassen? Es wäre ja nicht die erste Präsentation bei einem Konzern, die wegen unangenehmer Wahrheiten abgebrochen würde. Schließlich widerstand ich der Versuchung, die Ergebnisse etwas aufzuhübschen. Ich redete Tacheles. Die Überlegung, dass der Überbringer schlechter Nachrichten in früheren Jahrhunderten geköpft wurde, beunruhigte mich schon ein wenig. Aber ich blieb einigermaßen locker und präsentierte die Ergebnisse der Studie ganz sachlich, ohne diese gleich zu bewerten oder schon Handlungsempfehlungen zu geben.

Und die Topmanager? Sie reagierten großartig! Ich hatte sie von einer Stunde auf die nächste in Krisenstimmung versetzt. Ruhig, gelassen und konzentriert hörten sie mir zu. Sie akzeptierten die Fakten, die jetzt auf dem Tisch lagen. Und sie übernahmen dafür die Verantwortung. Das ist ein ganz wichtiger Punkt – und eine weitere Mutprobe. Nicht ausweichen, nicht weglaufen, nichts auf andere schieben, wenn die Krise da ist. Sondern sich hinstellen und sagen: Das sind die Ergebnisse meiner Arbeit. Dafür übernehme ich die Verantwortung. Und für den Weg aus der Krise bin ich jetzt genauso verantwortlich.

TIPP

Sanierer: zu Unrecht verschrien

Sanierer haben einen schlechten Ruf. Manager, die sich ein krisengeschütteltes Unternehmen nach dem anderen vorknöpfen, gelten als kalt und rücksichtslos. Eine Welle der Angst verbreitet sich unter den Mitarbeitern, wenn es heißt, ein »erfahrener Sanierer« werde jetzt auf dem Chefsessel Platz nehmen. Die Menschen fürchten Entlassungen, harte Einschnitte, Tabubrüche. Bei einigen steigt Wut auf. Kopfschüttelnd heißt es dann: »Dem scheint das auch noch Spaß zu machen!« Solche Reaktionen sind menschlich verständlich. Trotzdem sind Sanierer zu Unrecht verschrien. Wenn es weitergehen soll, dann braucht eine Organisation in der Krise diesen Typ Manager. Die kühle Distanz, die ihm vorgeworfen wird, ist gerade seine größte Stärke. Sanierer kommen von außen, sehen ungeschminkt die Faktenlage und fällen keine vorschnellen Urteile. Sie erleben Mitarbeiter unter maximalem Stress – und lassen sich von diesem Stress nicht anstecken. Ich behaupte nicht, alle Sanierer seien gute Manager. Wie überall gibt es auch hier Helden und Versager. Aber ich finde, dass es Mut beweist, als Sanierer Verantwortung zu übernehmen – und mit der Rolle des »Prügelknaben« gelassen umzugehen.

Mit meiner Präsentation war ich ein Spielverderber gewesen. Aber bei den Managern kam keine Wut auf. Niemand ließ seinen Frust ab. Es herrschte eine Atmosphäre ruhigen, konzentrierten Analysierens und Nachdenkens. Am Ende konnten einige sogar schon wieder lachen. So zeigt sich für mich Mut in der Krise: locker bleiben, den Humor nicht

»Insolvent. Na und?« Neckermann demonstrierte 2012 auf witzige und provokante Weise, wie man in der Krise locker bleibt.

verlieren. Nur wer locker bleibt, kann kreative Lösungen entwickeln. Auf die wird es im nächsten Schritt ankommen. Wo alle in Stress geraten und sich verkrampfen, da kommt keiner mehr auf Ideen. Stattdessen wird dann Verantwortung abgelehnt und die Beteiligten schieben sich gegenseitig die Schuld zu. Wer Schuld hat, ist jedoch völlig uninteressant. Die Frage ist, wer eine gute Idee hat.

Nicht nur Lockerheit, sondern sogar – im Business leider viel zu seltene – Selbstironie bewies Neckermann mitten in der Krise. Nachdem das Versandhaus Ende Juli 2012 beim Amtsgericht Frankfurt die Eröffnung des Insolvenzverfahrens beantragt hatte, lasen die verunsicherten Kunden auf der Homepage den Spruch: »Insolvent. Na und? Sie wollen schließlich kein Geld bei uns bestellen, sondern Ware.« Ein anderer Spruch lautete: »Sie haben im Moment wenig Geld in der Kasse? Wir wissen, wie sich das anfühlt.« Auf derselben Webseite fand sich – diesmal ganz seriös formuliert – die Garantie, dass der Betrieb weitergehe. Bestellungen würden regulär ausgeliefert und der entstandene Paketstau würde sich in den nächsten Tagen auflösen. Das nenne ich Lockerheit und Humor in der Krise. Hut ab!

Von den USA können wir hier übrigens einiges lernen. Für die Amerikaner ist eine Pleite nicht so schlimm. Schlimm ist jenseits des Atlantiks nur, wenn einen der Mut verlässt und man nicht versucht, nach der Pleite wieder hochzukommen. Das »Chapter 11« des amerikanischen Insolvenzrechts ermöglicht eine gerichtlich überwachte Neuordnung der Firmenfinanzen und setzt einen Anreiz für den Neubeginn. Davon sind wir in Deutschland weit entfernt. Wer hierzulande scheitert, gilt schnell als erledigt und muss um die Wiederherstellung seines guten Rufs kämpfen.

Kreative Lösungen finden – und einen Plan machen

Alarm bei einer mittelständischen Logistikfirma! Die Wirtschaftskrise schlug voll durch. Der Inhaber des Unternehmens hatte sämtliche Führungskräfte in einem Tagungshotel zusammengetrommelt. Im Konferenzraum erfuhren sie am frühen Morgen, was genau passiert war: Drei der wichtigsten Kunden hatte es nacheinander in die Pleite gerissen. Erdrutschartig würden dadurch in der Firma Aufträge und Umsätze wegbrechen. Der Chef beendete seine Horrorpräsentation mit den Worten: »Das, meine Herren, ist die Lage.« Der Satz klang nicht zufällig wie beim Militär. Der Inhaber der Firma war tatsächlich ein ehemaliger ranghoher Offizier. Bei der Armee hatte er regelmäßig Manöver organisiert. Und auch das hier war ein Manöver.

»Das, meine Herren, ist die Lage!«

Denn die Krise war nicht wirklich da. Alle vier Monate übt der Chef mit seinen Führungskräften einen Krisenfall für das Unternehmen. Dafür kommen sämtliche Führungskräfte einen Tag lang in dem Seminarhotel zusammen. Sie erfahren erst zu Beginn der Übung, welches

Szenario diesmal durchgespielt wird. Dieser Chef ist ein echter Spielverderber. Denn seiner Firma geht es ausgezeichnet. Bisher hat sie noch keine Krisen erlebt. Und genau das hält der ehemalige Offizier für gefährlich. Er möchte verhindern, dass das Management es sich in der Komfortzone gemütlich macht. Stattdessen soll der Aufenthalt in der Mutzone geprobt werden. Und zwar so oft, bis mutiges Entscheiden ganz selbstverständlich wird.

Ziel eines solchen Workshops ist es, in der Krise kreative Lösungen zu entwickeln. Kreativität bringen die meisten wahrscheinlich eher mit innovativen Produkten, neuen Geschäftskonzepten oder coolen Marketingansätzen in Verbindung. Kreativität ist jedoch noch dringender gefragt, wenn es um die Überwindung einer Krise geht. Leider versagt die Kreativität gerade hier regelmäßig. Entweder es herrscht blinder Aktionismus oder es werden schulbuchmäßige Rettungsmaßnahmen eingeleitet. Dann ziehen unmotivierte Insolvenzverwalter ihr Standardprogramm durch und Gewerkschafter holen den üblichen Sozialplan aus der Schublade. Um noch einmal an die Sprache des ehemaligen Offiziers anzuknüpfen: So tritt man den geordneten Rückzug an. Aber so erzielt man keinen Durchbruch.

>>*Krise ist ein produktiver Zustand. Man muss ihm nur den Beigeschmack der Katastrophe nehmen.*<<
MAX FRISCH

Wer in der Krise Ruhe bewahrt, gelassen bleibt und seinen Humor behält, der kann die Situation als Herausforderung für seine Kreativität betrachten. Ich rate Führungskräften in der Krise stets dazu, sich zu sagen: Die Lösung ist schon da. Wir müssen nur drauf kommen. Wer mutig ist, der setzt jetzt all die schönen, bunten Kreativitätstechniken ein, mit denen sich auch neue Produkte erfinden oder freche Marketingkampagnen generieren lassen. Hier dürfen diese Techniken endlich einmal zeigen, dass man sich auf sie verlassen kann. Dummerweise funktionieren Kreativitätstechniken nur dann richtig gut, wenn man locker und spielerisch an die Sache herangeht. Also: Nur Mut!

»29 Ways to Stay Creative«

Die japanische Designagentur TO-FU präsentiert auf ihrer Website
29 Methoden, um kreativ zu bleiben. Das Video dazu kursierte weltweit
im Internet und wurde viele Millionen Mal geklickt.
Hier sind die »29 Ways to Stay Creative«:

1. Mache Listen.

2. Habe immer ein Notizbuch dabei.

3. Probiere assoziatives Schreiben aus.

4. Komm vom Computer weg.

5. Hör auf, dich selbst zu kritisieren.

6. Mache Pausen.

7. Singe unter der Dusche.

8. Trinke Kaffee.

9. Höre neue Musik.

10. Sei offen.

11. Umgib dich mit kreativen Menschen.

12. Hole dir Feedback.

13. Arbeite mit anderen zusammen.

14. Gib niemals auf.

15. Üben, üben, üben!

16. Gestatte dir, Fehler zu machen.

17. Gehe an einen Ort, den du noch nicht kennst.

18. Sei dankbar für alles Gute in deinem Leben.

19. Ruhe dich ganz oft aus.

20. Gehe Risiken ein.

21. Brich Regeln.

22. Versuche nichts zu erzwingen.

23. Lies eine ganze Seite in einem Wörterbuch.

24. Schaffe einen Rahmen.

25. Höre auf, es anderen hundertprozentig recht machen zu wollen.

26. Schreibe jede Idee sofort auf.

27. Räume deinen Arbeitsplatz auf.

28. Habe Spaß.

29. Bringe etwas zu Ende.

Der Unternehmer und ehemalige Offizier hat an seinen »Manöver-tagen« übrigens immer auch einen Psychologen dabei. Dieser beob-achtet, wie die Manager mit dem Krisenfall umgehen, und gibt ihnen anschließend Feedback. Je weniger sie sich erschrecken und je klarer sie sich auf die Lösungsfindung konzentrieren, desto besser. Liegen dann tatsächlich gute Ideen auf dem Tisch, wird die Kreativitätsphase für beendet erklärt und es geht an die Umsetzung. Eine gute Idee allein rettet ja noch kein Unternehmen. Also wird jetzt ein sauberer Krisen-plan gemacht, der die wichtigsten Schritte enthält.

Der Rest ist nichts anderes als Projektmanagement. Das klingt viel-leicht trivial, ist aber ein weiterer Schlüssel zur Überwindung einer Krise. Machen Sie die Krise einfach zu einem Projekt! Einem Projekt wie jedes andere, in dem Sie Ihre Fähigkeit zu gutem Projektmanage-ment unter Beweis stellen können. Mit dieser Einstellung sehen Sie die Krise noch einmal ein großes Stück gelassener und tun gleichzeitig genau das Richtige.

Eine besonders kreative Idee hatte Ford mitten in der schwersten Krise seiner Unternehmensgeschichte. Als der Autobauer 2006 kurz vor der Pleite stand, gab es kaum noch eine Möglichkeit, um an frisches Geld zu kommen. Ohne neue Kredite war eine Sanierung jedoch nicht zu stemmen. Da kamen die Manager auf die Idee, nicht nur die Produk-tionsstätten, sondern auch das Firmenlogo zu verpfänden. Schließlich hat eine Weltmarke heute einen größeren Marktwert als ein paar Fa-briken. Kurzerhand wurden die Nutzungsrechte an dem blauen Ford-Oval als Sicherheit den Geldgebern übertragen. Daraufhin konnte ein 23,6-Milliarden-Dollar-Kredit bewilligt werden.

Sechs Jahre später herrschte große Erleichterung in der Weltzentrale von Ford im amerikanischen Dearborn. Die Firma hatte die Rechte an ihrem Logo zurückerhalten. Nachdem die Ratingagentur Moody's die Kreditwürdigkeit des Konzerns von »Ramsch-Status« zurück auf »Investitionswürdigkeit« gestuft hatte, war das zusätzliche Pfand nicht länger nötig. Vorangegangen war ein intensives Sanierungsprogramm, das unrentable Marken beerdigte, die Modellpalette modernisierte und die Fabriken auf Effizienz trimmte. Am Ende konnten die Ford-Manager nicht nur auf ihren Mut zu unkonventionellen Lösungen stolz sein, sondern auch darauf, es aus eigener Kraft geschafft zu haben. Während die Konkurrenten Chrysler und General Motors von der US-Regierung vor der Pleite gerettet werden mussten, kam Ford ohne Staatshilfen aus.

Krisen als Ansporn und Lernprozess

In wahrscheinlich keinem anderen deutschen Bundesland ist die Polizei besser auf Geiselnahmen vorbereitet als in Nordrhein-Westfalen. Für solche Fälle gibt es übers Land verteilt ganze sechs Krisenzentren. Sie sind technisch hochgerüstet und vollgestopft mit Bildschirmen. Darauf können Polizisten im Ernstfall nach kurzer Zeit fast jeden beliebigen Ort an Rhein und Ruhr überwachen wie in einem James-Bond-Film. Den Krisenzentren steht jeweils ein Mobiles Einsatzkommando (MEK) für die Verfolgung von Tätern und ein Spezialeinsatzkommando (SEK) für die Festnahme zur Seite. Es gibt eine eigene Technikgruppe sowie eine Verhandlungsgruppe, die aus psychologisch bestens geschulten Verhandlungsspezialisten besteht. (Quelle: *Der Spiegel* 33/2008)

> Manchmal braucht es einen »Weckruf«

Die umfassende Vorbereitung der nordrhein-westfälischen Polizei auf den Krisenfall ist die Folge von zwei Tagen im August 1988. Beim sogenannten Gladbecker Geiseldrama führten zwei Vorstadtganoven aus dem Ruhrpott die Polizei regelrecht vor. Nach dem missglückten Überfall auf eine Filiale der Deutschen Bank nahmen sie Geiseln und begaben sich auf eine zweitägige Irrfahrt durch mehrere Bundesländer und das angrenzende Holland. Als die Täter endlich gefasst werden konnten, waren zwei Geiseln gestorben. Die Polizei hatte ein Ausmaß ein Dilettantismus an den Tag gelegt, das in der Bundesrepublik niemand für möglich gehalten hätte. Es herrschte Krisenstimmung.

Krisen offenbaren Defizite. Sie sind deshalb ein Ansporn zum Lernen. Es gehört Mut dazu, die Ursachen der Krise schonungslos zu analysieren und die Defizite zu benennen. Wem das gelingt, der kann die Krise zwar nicht ungeschehen machen. Aber er kann sich verbessern und weiteren Krisen dadurch vorbeugen. Der Chef der Logistikfirma, der mit seinen Führungskräften alle vier Monate den Krisenfall probt, fragt nach jedem dieser »Manöver«: Was haben wir heute gelernt, das wir auch ohne Krise gebrauchen können? Bereits die Simulation der Krise hat einen Lerneffekt. Im Idealfall lernen die Führungskräfte beim Durchspielen unterschiedlicher Krisenszenarien so viel, dass sich echte Krisen verhindern lassen.

TIPP

Die Krise als Normalfall?

»Seit der Vertreibung des Menschen aus dem Paradies stellt die Krise und nicht die Routine den Normalfall menschlichen Lebens dar«, zitiert Matthias Horx in seinem Buch *Das Megatrendprinzip* den Soziologen Bruno Hildenbrand. In unserer individuellen Wahrnehmung, so der Zukunftsforscher Horx, ist »Krise« mit einer natürlichen Stressreaktion verbunden. Wenn sich Dinge in unkontrollierbarer Weise verändern, sind wir alarmiert. Aus systemtheoretischer Sicht bedeutet »Krise« jedoch etwas völlig anderes. Krisen sind demnach »Störungen, die Anreizimpulse in Richtung höhere Komplexität setzen«. Einfacher ausgedrückt: Krisen provozieren Weiterentwicklung. Die Marktwirtschaft hat in ihrer Geschichte unzählige Krisen erzeugt, die Teil ihrer Komplexitätsentwicklung sind. Horx zufolge sollten wir froh darüber sein, denn die Krisen zeigen, dass Marktwirtschaft ein »lernendes, offenes System« ist. Viel mehr Sorgen müssten wir uns machen, wenn es keine Krisen gäbe. Oder besser: Wenn sie unterdrückt und geleugnet würden, wie zum Beispiel in der früheren Sowjetunion. Denn solche geschlossenen (und nicht mehr lernenden) Systeme brechen irgendwann schlagartig zusammen. Fazit von Matthias Horx: »Wenn wir nüchtern die Lage begutachten, müssen wir eingestehen, dass es vor allem die Brüche sind, die uns Richtung Zukunft bewegen.« Erst wenn etwas nicht mehr funktioniert, sind wir zu intelligenterem Verhalten herausgefordert.

(Vgl. Matthias Horx: *Das Megatrendprinzip. Wie die Welt von morgen entsteht.* DVA, 2011. S. 305 ff.)

Es gibt unzählige Beispiele bekannter Unternehmen, die aus Krisen gelernt haben und neu auf die Erfolgsspur gekommen sind. Nachdem Apple in den Neunzigerjahren fast pleite war, arbeitete das IT-Unternehmen an seiner Alleinstellung. Mit dem iMac brachte es einen futuristisch aussehenden Computer auf den Markt und kreierte dazu den Slogan »Think Different«. So wurden Kunden zu Fans. Einen komplett anderen Weg wählte Ford nach der Beinahe-Pleite. Aus einem ausufernden Modellangebot wurde die Strategie »One Ford«. Modelle wie Focus oder Mondeo werden heute in den USA, Europa oder Australien in fast identischer Form verkauft.

Shell lernte aus der Protestwelle gegen die 1995 geplante Versenkung der Erdölplattform »Brent Spar« in der Nordsee, eine intelligentere Öffentlichkeitsarbeit zu betreiben. Nach diesem PR-GAU gab sich der Ölkonzern einen »grünen« Anstrich und setzte Umweltthemen von sich aus auf die Agenda. Doch auch im Inneren des Unternehmens änderte sich einiges. Zehn Jahre nach der Krise sprach der damalige CEO von Shell Deutschland, Kurt Döhmel, in einem Interview mit der Wochenzeitung *Die Zeit* von einem »Weckruf«. Shell sei früher ein »technokratisches, introvertiertes Unternehmen« gewesen, das sich kaum mit der Außenwelt auseinandersetzte. Das habe sich seit »Brent Spar« grundlegend geändert. Heute halten Shell-Manager ganz selbstverständlich Gastvorträge auf Greenpeace-Konferenzen.

Auch die »Manöver«, wie sie der mittelständische Logistiker betreibt, sind nicht neu. Szenarioplanung ist ein gängiges Tool in krisenanfälligen Branchen, wie beispielsweise Energiewirtschaft oder Versicherungen. Daneben bereiten sich viele Manager auch persönlich vor. Sie setzen sich freiwillig »Krisen« aus, um etwas zu lernen und ihr Handeln zu verbessern. Die Draeger-Werke haben schon in den Achtzigerjahren Manager in Nordschweden »ausgesetzt«, um sie dort »Survival« üben zu lassen. Eine andere Übung, die sich auch im Internet simulieren lässt, ist die »Wüstenbruchlandung«. Manager müssen hier zum Beispiel entscheiden, ob sie sich vom Flugzeugwrack entfernen oder auf Hilfe warten wollen. Entscheiden sie sich für eine Wüstenwanderung, haben sie nur ein paar Gegenstände zur Auswahl, die sie mitnehmen können. Wozu zum Beispiel könnten eine Flasche Wodka oder ein Taschenspiegel gut sein?

Wer sich Krisen mutig stellt, der geht gestärkt daraus hervor. Mut zahlt sich aus, denn er setzt positive Energie frei und macht Verbesserungen möglich. Haben Führungskräfte und Mitarbeiter eine Krise gemeinsam durchgestanden, ist das Selbstbewusstsein gewachsen. Und hat das Management daraus gelernt, kann sich das Geschäftsmodell weiterentwickeln. Wer weiß, dass Krisen irgendwann unvermeidlich kommen werden, kann sich darauf vorbereiten. Dazu muss man sich nicht unbedingt allein ohne Geld, Papiere und Mobiltelefon von Hamburg nach München durchschlagen. Aber auch das kann helfen! Und vielleicht haben Sie ja jetzt Lust auf eine »Light-Version« dieser Herausforderung?

MUTPROBE

Ihre elfte Mutprobe

Kaufen Sie sich ein einfaches Ticket im öffentlichen Nahverkehr und fahren Sie damit mindestens 15 Kilometer aus Ihrer Stadt oder Ihrem Ort heraus zu einem Bahnhof oder einer Haltestelle, wo Sie vorher noch nie waren. Und dann kehren Sie zurück nach Hause. Geld, Plastikkarten und Mobiltelefon bleiben zu Hause. Ausweis und Führerschein ebenso. Landkarten und Hilfsmittel wie Fahrrad oder Stadtroller sind nicht erlaubt. Weitere Spielregeln: Sämtliche Gesetze und Vorschriften sind zu beachten. Sie dürfen keine Schulden machen, also auch keine Leistungen in Anspruch nehmen, die Sie später bezahlen müssen. Sonst könnten Sie sich ja einfach in ein Taxi setzen und das zu Hause bezahlen. Auch dürfen Sie Freunde, Kollegen, Verwandte oder Bekannte nicht anrufen und um Hilfe bitten. Klar, sonst würden Sie nur jemanden fragen, ob Sie mal telefonieren können, und dann käme Sie einfach jemand mit dem Auto abholen. Nein, schauen Sie einfach, wie Sie ohne Geld und Papiere nach Hause kommen. Und bringen Sie von unterwegs ein »Beweisstück« mit. Irgendetwas, das Sie finden oder das jemand Ihnen überlässt. Viel Spaß!

Fokus:
Change

ZWÖLFTE MUTPROBE

Wandel provozieren

Warum genügt es nicht, auf Veränderungsdruck zu reagieren?
Wie erzeugt man Dringlichkeit, ohne Angst zu schüren? Was
schafft die Bereitschaft, mutig Neuland zu betreten? Wie lässt sich
die Lücke zwischen Denken und Handeln schließen? Erwarten Sie
Antworten. Und machen Sie sich bereit für die zwölfte und letzte
Mutprobe.

»Wie kann das jetzt sein?«, platzte es aus dem Topmanager
eines Ölkonzerns heraus. Die Gesichter seiner Vorstands-
kollegen waren angespannt. Zehn Augenpaare starrten
auf eine Folie, die an die Wand des Boardrooms projiziert
wurde. »Wie können … das sind doch nicht … unsere
Zahlen …«, murmelte ein anderer Manager. Die Präsentation der Jahreszahlen hatten sich alle hier anders vorgestellt. Nämlich als den üblichen Besuch im Schlaraffenland.
Scherzend und schulterklopfend hatten sich die Konzernlenker
vor einer Viertelstunde eingefunden und es sich auf breiten Lederses-
seln bequem gemacht. Noch schnell einen Espresso, dann her mit dem
größten Genuss des heutigen Vormittags: Zahlen, die so erfreulich wie
immer sein würden. Die Leute tankten wie blöd Super und Diesel –
was sollten sie auch sonst tun? Schließlich fuhren ihre Autos nicht
mit Holzkohle.

> Konzernvorstände provozieren – wer traut sich das?

Öl hält unsere Wirtschaft in Schwung. Aber wie lange noch?

Und jetzt das! Umsätze und Erträge waren eingebrochen. Wie konnte das nur sein? Für den Mann, der heute die Zahlen präsentierte, war es die Mutprobe seines Lebens. Denn natürlich waren die Zahlen falsch. So etwas konnte ja gar nicht sein. Doch dieser Mann, Führungskraft weit unterhalb der Vorstandsebene, war in dem Mineralölkonzern für Zukunftsstrategien zuständig. Mit den falschen Zahlen wollte er den Vorstand schockieren. Er wollte, dass die Topmanager endlich aufwachen. Er wollte Wandel provozieren. Dafür riskierte er an diesem Morgen alles. Es konnte sein, dass er in fünf Minuten seinen Job los war. Mehr noch: dass er in dieser Branche nirgendwo mehr eine Position angeboten bekam, wenn seine Aktion sich herumsprach.

Die Anspannung im Raum stieg ins Unerträgliche. Wie lange konnte der Zukunftsbeauftragte seinen Fake durchhalten? Jede Sekunde wurde zur Ewigkeit. Langsam leitete er zur Auflösung über. »Wie Sie sehen, befindet sich auf dieser Folie keine Jahreszahl«, erklärte der Manager, so ruhig er konnte. »Das sind auch nicht die Zahlen vom letzten Jahr. Die aktuellen Zahlen sehen Sie später. Dies ist ein Ausblick in die Zukunft. So würden unsere Zahlen in einigen Jahren aussehen, wenn wir einfach so weitermachten wie bisher.« Da begriffen die Topmanager, welches Spiel gespielt wurde. Ihr Schrecken schlug in Zorn um: Was erlaubte sich dieser Mann?

Auch wenn einige Leser vielleicht zweifeln: Diese Geschichte ist keine Erfindung. Sie hat sich tatsächlich zugetragen. Nach dem Eklat wurde die Präsentation abgebrochen. Der Zukunftsbeauftragte ging zurück in sein Büro und hörte erst einmal nichts mehr. War das jetzt das Aus für ihn? Egal, was kommen würde: Er schien diese Mutprobe nicht zu bereuen. Die Ölreserven sind nun einmal endlich, überall wird bereits fieberhaft nach Alternativen gesucht. Davor konnte der Vorstand doch nicht länger die Augen verschließen!

Einen Tag lang kam kein Anruf, keine E-Mail. Die Stunden der Ungewissheit wurden zur Qual. Dann klopfte abends der unmittelbare Vorgesetzte des Zukunftsbeauftragten an die Bürotür. Er kam herein, setzte sich und erzählte. Der Vorstand sei immer noch stinksauer wegen des respektlosen Auftritts. Aber die Herren hätten die Botschaft verstanden. Vorsorgemanagement stehe jetzt ganz oben auf der Agenda. Dazu werde es schon bald ein erstes Vorstandsmeeting geben – der Zukunftsbeauftragte werde in den nächsten Tagen eine Einladung bekommen, daran teilzunehmen …

In diesem Kapitel vertrete ich die These, dass Change-Management nicht mehr genügt. Es reicht nicht, die Tatsache des Wandels zu akzeptieren und Veränderungen zu gestalten. Die Welt verändert sich heute so schnell, dass jeder, der bloß reagiert, bald ins Hintertreffen gerät. Die Lösung lautet: Wandel provozieren. Veränderungen durch mutige Aktionen herbeiführen, statt ihnen hinterherzulaufen. Das ist die ultimative Mutprobe für das Management in unserer Zeit.

Dringlichkeit erzeugen, ohne Angst zu schüren

Wann ist der »Sense of Urgency« da?

Was der Zukunftsbeauftragte bei dem Ölkonzern mit seiner mutigen Provokation erreichen wollte, heißt im Englischen »Sense of Urgency.« Es ist ein Bewusstsein für Dringlichkeit, das Handlungsdruck erzeugt. Ein »Sense of Urgency« ist weit mehr als die rationale Einsicht, dass sich – irgendwann, irgendwie – etwas ändern sollte. Es muss vielmehr in Kopf, Bauch und Herz gleichermaßen eingesickert sein, dass es so nicht weitergehen kann und Veränderungen unausweichlich sind. Selbstverständlich hätte auch vor dem Eklat jeder der Ölmanager auf die Frage, ob die Ölreserven endlich oder unendlich seien, korrekt geantwortet, dass sie endlich seien. Bloß führte allein dieses Wissen zu keiner Änderung im Verhalten.

> *»Fürchte dich nicht vor dem langsamen Vorwärtsgehen,*
> *fürchte dich nur vor dem Stehenbleiben.«*
> CHINESISCHES SPRICHWORT

Der Zukunftsforscher Matthias Horx vergleicht Erdöl mit einer Droge. In jedem Barrel Öl steckt so viel Energie, dass ein einzelner Mensch mehr als 20 Jahre lang täglich 14 Stunden einen Generator antreiben müsste, wollte er diese Energie mit seiner Muskelkraft erzeugen. Es gibt zwar genügend andere Energiequellen auf der Erde, aber es ist keine in Sicht, die unsere Wirtschaft so einfach und billig am Laufen halten könnte wie das seit Jahrzehnten unaufhörlich sprudelnde Erdöl (vgl. Horx, S. 214 f.). Die Sucht unserer Wirtschaft nach billigem Öl ist ein prägnantes Beispiel dafür, wie gerne wir uns in einer Komfortzone einrichten. Der Kopf weiß längst, dass Veränderungen notwendig sind und Vorsorge für die Zukunft getroffen werden muss. Aber der Status quo ist unvergleichlich bequemer als alle denkbaren Alternativen. Und so geschieht erst einmal gar nichts. Wie der Süchtige den Schmerz der Entzugsklinik scheut, so zögert unsere Wirtschaft die Abkehr vom Öl hinaus.

In Situationen wie diesen braucht es Mutige, die Veränderungen provozieren. Sie müssen in der Lage sein, einen »Sense of Urgency« zu erzeugen und die anderen aus ihrer Komfortzone herauszulocken. Doch das ist eine Gratwanderung. Wer zu sehr provoziert, versetzt Menschen in Angst oder gar in Panik. Angst verhindert notwendige Veränderungen letztlich genauso wie Bequemlichkeit. Wenn Mitarbeiter einer Organisation glauben, dass es zu spät ist und sie es ohnehin nicht schaffen können, dann werden sie schicksalsergeben abwarten, was geschieht. Sie geraten in eine Angststarre. Wer hingegen einen »Sense of Urgency« verspürt, der weiß: Wir müssen jetzt dringend etwas verändern – und wir können es auch schaffen!

TIPP

Anlässe für Wandel

Wann ist es an der Zeit, Wandel zu provozieren? In welchen Fällen sollten Mutige sich trauen, andere wachzurütteln? Hier sind ein paar Beispiele:

Beratungsprojekte
Strategische Berater erkennen dank ihrer Außenperspektive Risiken früher – eine Chance, Veränderungen frühzeitig anzuschieben.

Marktfaktoren
Der Wettbewerb wird härter, neue Kunden müssen her – was sollte sich ändern, um das zu ermöglichen?

Kulturveränderungen
Durch Zukäufe oder schnelles Wachstum entspricht die Unternehmenskultur nicht mehr den Verhältnissen im Unternehmen – Zeit, die Konsequenzen zu ziehen.

Wertewandel
Mitarbeiter lassen sich nicht mehr führen wie in alten, autoritären Zeiten – welche neuen Führungsinstrumente müssen her?

Umstrukturierungen
Bereiche und Abteilungen werden neu organisiert – was fördert die Zusammenarbeit und verhindert »Silodenken«?

Bei einer Versicherung hatten wir als Berater einmal den Auftrag, frischen Wind in den Vertrieb zu bringen. Es ging um das Thema Wachstum in sogenannten »gesättigten Märkten«, über das Sie in diesem Buch bereits einiges gelesen haben. Mit dem Management besprach ich zunächst, welche Weichenstellungen notwendig wären. Der Zwang zu Veränderungen war längst bekannt. Ein neues Selbstverständnis des Unternehmens zeichnete sich bereits ab – weg vom Produkt, hin zum Entwickeln von Lösungen. An der Positionierung der Marke war zu arbeiten. Ziel war Wachstum jenseits des Massengeschäfts. Dazu gab es einige erste, vielversprechende Ansätze. »Ist der Paradigmenwechsel damit geschafft?«, fragte ich während meiner Präsentation in die Runde der Topmanager.

Das war so eine typische rhetorische Frage, die Zuhörer während der Präsentation zum Nachdenken bringen soll, auf die man aber keine Antwort erwartet. Umso überraschter war ich, als einer der Topmanager spontan »Nein!« rief. »Nein«, ergänzte er, »wir haben den Paradigmenwechsel noch nicht geschafft. Alles, was Herr Verweyen uns hier präsentiert, ist allen bekannt. Aber wir stecken noch in der Problemtrance!« Ich fand dieses selbstkritische Eingeständnis des Versicherungsmanagers ziemlich mutig. Und mir gefiel der Ausdruck »Problemtrance«.

Genau das entsprach meinem Eindruck: Es mangelte hier nicht an Einsicht. Es gab sogar erste Schritte in die richtige Richtung. Trotzdem agierten alle noch wie in Trance. Das Unternehmen stand vor einem Berg an Problemen, die eher lähmend als anspornend wirkten. Der »Sense of Urgency« war noch nicht da! Wer so etwas selbst einsieht, der hat Glück gehabt. Denn er kann an der Veränderungsbereitschaft arbeiten und damit Wandel provozieren. Dazu hilft es, sich zunächst einmal explizit vor Augen zu führen, was »allen bekannt« ist. Einsicht wächst ja über einen längeren Zeitraum. Sieht das Management auf einen Schlag »alles, was alle wissen«, so hat das eine ziemlich starke Wirkung in Richtung »Sense of Urgency«.

Es geht hier darum, sich die Indikatoren für den notwendigen Wandel noch einmal genau anzusehen. Da ist Mut zur ehrlichen Konfrontation gefragt: Wie hat sich der Markt entwickelt und welche Trends gibt es – bei denen möglicherweise andere die Vorreiter sind? Was ist eventuell schon verloren gegangen? Was wären die Konsequenzen, wenn sich nichts ändern würde? Wie viel Zeit bleibt für die notwendigen Veränderungen? Während solcher Analysen baut sich mehr und mehr Handlungsdruck auf. Doch was ist nötig, damit nun auch wirklich etwas geschieht? Eines ist klar: Veränderungen beginnen im Kopf – aber sie dürfen dort nicht aufhören!

Menschen gewinnen, die Menschen gewinnen

»Ja ich will, aber ich kann nicht.« Diesen Satz hat Jochen Schweizer, Unternehmer, ehemaliger Stuntman und Pionier des Bungee-Sports in Deutschland, in seinem Leben schon oft gehört. Seit Jahren bietet seine Firma Nervenkitzel gegen Geld. Von den rund 600 000 Menschen, die bei Jochen Schweizer bereits Bungee gesprungen sind, hat der Chef ungefähr 25 000 persönlich im Moment des Absprungs betreut. Da bekam er regelmäßig hautnah mit Leuten zu tun, die wollten, aber nicht konnten. Oder vielmehr plötzlich glaubten, nicht zu können. Sie standen auf einer Plattform, das Bungee-Seil bereits fest am Rücken angebracht, da verließ sie der Mut vor dem Sprung, berichtet Schweizer der Zeitschrift *Munich Magazine*.

»Wenn du es willst, dann kannst du es auch«

Wie ging der erfahrene Extremsportler mit dieser Situation um? Hier ist die Antwort von Jochen Schweizer:

> »Meine Methodik war immer folgende. Ich habe gesagt: ›Schau mich an. Willst du das? Willst du springen? Wenn du jetzt Nein sagst, kein Problem, dann häng ich dich wieder in die Sicherung und wir fahren wieder runter.‹ Und wenn die Antwort lautete: ›Ja, ich will, aber ich kann nicht‹, dann habe ich gesagt: ›Doch, du kannst. Du kannst, weil du willst.‹ Und sie sind fast alle gesprungen. Das ist die Botschaft. Das Leben liefert dir keine Herausforderung, ohne dir gleichzeitig die Fähigkeit zu geben, sie zu meistern« (Schweizer, S. 28).

Jochen Schweizer ist ein Mensch, der andere Menschen dafür gewinnt, ihre Komfortzone zu verlassen und einen mutigen Sprung zu wagen. Und genau solche Mutigen, die anderen den Absprung erleichtern, brauchen auch Organisationen, wenn Veränderungen anstehen. Man kann solche Menschen Change-Agents nennen oder »Missionare« oder praktische Visionäre – sie sind von der Notwendigkeit des Wandels überzeugt, gehen aktiv auf andere zu und holen diese ins Boot. Diese Mutigen sind letztlich wichtiger für den Wandel als alle rationalen Argumente und jede Roadmap.

»Ja, ich will, aber ich kann nicht« – das bezeichnet auch die Gemütslage vieler Mitarbeiter in Organisationen, denen größere Veränderungen bevorstehen. Studien zufolge ist fehlende Motivation nur zu weniger als zehn Prozent für den Widerstand gegen Change in Organisationen verantwortlich. Überrascht Sie diese Zahl? Die Hauptgründe für den Widerstand gegen Veränderungen sind persönliche Vorbehalte und schlechte Kommunikation (jeweils über 30 Prozent) sowie mangelndes Vertrauen (rund 25 Prozent; Quelle: Vahs, *Organisation*). Der Change-Agent, der mutige Vorreiter, setzt genau hier an: Er redet mit den Menschen, nimmt ihnen ihre Ängste und Vorbehalte und schafft Vertrauen, dass die Veränderung zu schaffen ist und alles gut wird.

Warum sind Mitarbeiter in Organisationen zwar nur zu weniger als zehn Prozent unmotiviert, den Sprung ins Ungewisse zu wagen, scheinen aber »nicht zu können«? Ein häufiger Faktor: Es zeigt sich plötzlich, dass kein gemeinsames Wertesystem existiert. Da ist etwa die junge Führungskraft – leistungsorientiert, immer auf der Suche nach neuen Herausforderungen, bis hin zu einem Hang zu Abenteuern. Und da sind dann Mitarbeiter im Team, deren oberste Werte Tradition, Sicherheit und Verlässlichkeit sind. Sie wollen ein berechenbares Leben und streben nach Harmonie.

Im Tagesgeschäft fallen solche Unterschiede nicht sehr ins Gewicht. Aber jetzt, wo größere Veränderungen anstehen, wird daraus ein Wertekonflikt. Wenn der junge Manager eine begeisterte Ansprache hält, was für spannende und aufregende Zeiten dem Team bevorstünden, dann werden die »Traditionalisten« sich davon kaum mitreißen lassen. Sie werden im Gegenteil Angst und Unsicherheit verspüren. Ein

Risikoübungen als Chance

Trainings, bei denen die Teilnehmer angehalten werden, ihre Komfortzone zu verlassen und sich zu etwas Ungewohntem zu überwinden, genießen nicht überall den besten Ruf. Manche finden es albern, vor einer Gruppe zu singen oder zu tanzen oder andere Dinge zu tun, bei denen sie ihre Kollegen normalerweise nicht beobachten würden. Ganz zu schweigen von riskanten Outdoor-Aktivitäten. Ich halte dennoch einiges von solchen sogenannten Risikoübungen. Wichtig ist aber, dass sie kundig und empathisch durchgeführt werden. Der Trainer sollte die Widerstände von Menschen ernst nehmen. Wir alle haben eine Art inneren »Beschützer«, der uns vor Verletzung oder Bloßstellung bewahren will. Eine wirkungsvolle psychologische Technik besteht darin, mit dem inneren Beschützer zu reden. »Danke, dass du immer so gut auf mich aufpasst«, sagt der Trainingsteilnehmer dann zum Beispiel. »Im Moment kann ich auf dich verzichten. Ich möchte etwas Neues ausprobieren und dabei Spaß haben. Das Risiko habe ich verantwortungsvoll abgesichert.«

echter Change-Agent würde die Traditionalisten bei ihren Werten abholen. Er könnte ihnen klarmachen, dass die Organisation sich gerade deshalb wandeln muss, um Bewährtes zu erhalten. Er könnte aufzeigen, dass Veränderungen notwendig sind, um auch in Zukunft allen Sicherheit bieten zu können.

Mit anderen »Bruchstellen« wie mangelndem Vertrauen, fehlendem Chancenbewusstsein oder asymmetrischem Informationsstand ist es ähnlich: Mutige Vorreiter sind nötig, um diese Bruchstellen zu heilen. Wer Wandel provozieren will, der muss in der Organisation Menschen gewinnen, die Menschen gewinnen. Der Zukunftsbeauftragte in dem Ölkonzern fing damit beim Vorstand an. Und das aus gutem Grund. Denn trotz aller Demokratisierung lässt sich Wandel »top-down« immer noch am besten vorantreiben.

Warum »top-down« noch lange nicht ausgedient hat

Vielleicht haben Sie sich mit Change-Management beschäftigt und kennen die vier typischen Varianten, wie Veränderungsprozesse an-

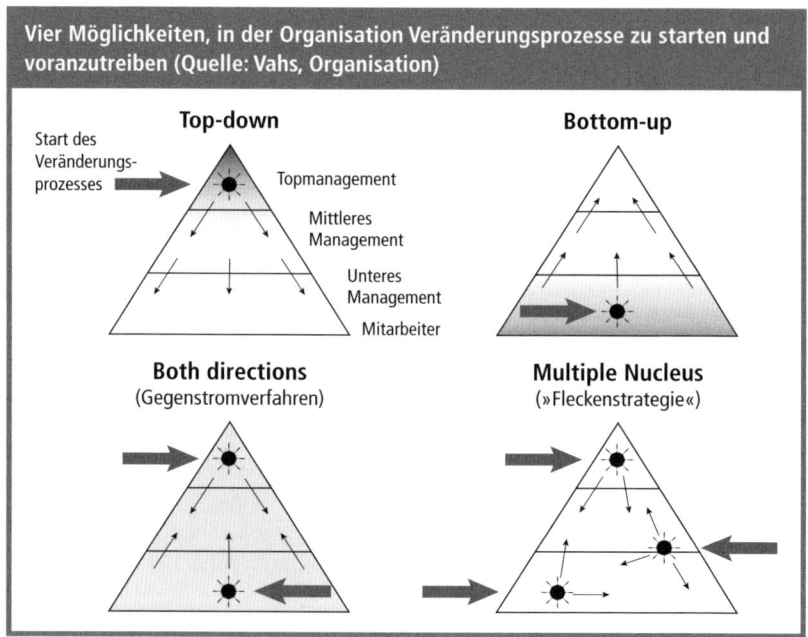

Vier Möglichkeiten, in der Organisation Veränderungsprozesse zu starten und voranzutreiben (Quelle: Vahs, Organisation)

Top-down

Start des
Veränderungs-
prozesses

Topmanagement

Mittleres
Management

Unteres
Management

Mitarbeiter

Bottom-up

Both directions
(Gegenstromverfahren)

Multiple Nucleus
(»Fleckenstrategie«)

gestoßen und vorangetrieben werden können. Da gibt es eben die »Top-down-Variante«, bei der Change vom Topmanagement ausgeht und dann über das mittlere Management und die Teamleiter bis zu jedem Mitarbeiter durchsickert. Der umgekehrte Fall ist der Wandel von unten, bei dem ein Veränderungsimpuls »bottom-up« bis zum Topmanagement vordringt, das sich dem Wunsch der »Basis« nach Veränderung schließlich nicht mehr verschließen kann. Schließlich kann der Wandel von oben und unten gleichzeitig angeschoben werden, also im »Gegenstromverfahren«. Oder es finden sich im Unternehmen quer durch alle Hierarchien überzeugte Veränderer, die ihr jeweiliges Umfeld ins Boot holen. So bilden sich »Flecken« oder »multiple Veränderungskerne« in der Organisation.

So weit die Lehrbuchweisheit. Wenn Sie besonders idealistisch und demokratisch eingestellt sind, dann werden Sie vielleicht mit dem »Bottom-up-Ansatz« liebäugeln. Und wenn Sie gerne systemisch denken, dann werden Sie das Gegenstromverfahren und die multiplen

Veränderungskerne reizvoll finden. Wenn Sie aber einfach realistisch und pragmatisch sind, werden Sie vielleicht einsehen, dass alles außer Veränderungen »top-down« noch auf lange Sicht die Ausnahme sein wird. Bottom-up-Veränderungen kommen eher im politischen Bereich vor – Beispiel »Arabischer Frühling« – als in der Wirtschaft. Die Unzufriedenen am unteren Rand eines Unternehmens entscheiden sich meistens für »innere Kündigung« mit »Dienst nach Vorschrift« – oder suchen sich einen anderen Job.

Auch ein Veränderungs-»Nukleus« irgendwo mitten in der Organisation ist selten. Die Geschichte vom Zukunftsbeauftragten des Ölkonzerns, die ich Ihnen zu Beginn dieses Kapitels erzählt habe, ist so eine seltene Ausnahme. Viel öfter ist es so, dass die Experten im Unternehmen zwar wissen, was zu tun wäre. Aber sie sparen sich in aller Regel den Versuch, andere für Veränderungen zu gewinnen. Schon gar nicht würden sie ihren Job riskieren, indem sie den Vorstand in einen Eklat verwickeln. So wird es noch auf absehbare Zeit das Beste bleiben, Wandel von oben zu provozieren. Mutige Topmanager gehen voran, überzeugen die nächste Ebene, diese dann eine weitere Ebene und so weiter. Das klingt nicht besonders demokratisch. Aber es ist effektiv.

Auf jeder Ebene nacheinander sind couragierte Change-Agents nötig. Zunächst muss mindestens ein Mitglied des Vorstands beziehungsweise der Geschäftsleitung ein überzeugter »Missionar« des Wandels sein. Er holt dann neben seinen Managerkollegen zumindest einen Abteilungsleiter auf seine Seite. Dieser Abteilungsleiter dann wieder andere und so weiter. Ein prominentes Beispiel für einen Topmanager, der Wandel »von oben« provoziert hat, ist Jochen Zeitz.

»Missionare« des Wandels in der Chefetage

Als Zeitz im Jahr 1993 Chef des Sportartikelherstellers Puma wurde, war er mit 30 Jahren der jüngste Vorstandsvorsitzende eines börsennotierten deutschen Unternehmens. Zunächst erwarb er sich einen Ruf als harter Sanierer und begnadeter Marketingstratege. Innerhalb kurzer Zeit kam das schwer angeschlagene Unternehmen zurück in die Gewinnzone. Puma stieg zur internationalen Marke auf und wird heute in einem Atemzug mit Adidas und Nike genannt.

In den vergangenen Jahren setzte Zeitz, mittlerweile Verwaltungsrats-chef bei Puma und Mitglied im Board of Directors beim französischen Mutterkonzern PPR, eine neue Agenda. Eine strahlende Marke und ein profitables Unternehmen allein genügten ihm nicht mehr. Es ging ihm nun auch um faire, saubere und nachhaltige Zukunftskonzep-te. Bereits zu einer Zeit, als sich andere Sportartikelhersteller für die Energiebilanz bei der Produktion eines Sportschuhs oder die Arbeits-bedingungen in ihren Fabriken in Bangladesch wenig interessierten, trieb der einstige Überflieger ein neues Leitbild voran. Ziel des Unter-nehmens sollte es ab sofort sein, in allen Belangen stets »fair, ehrlich, positiv und kreativ zu handeln«. Als konkrete Folge wird Puma bis zum Jahre 2015 weltweit 25 Prozent an CO_2, Energie, Wasser und Abfall einsparen.

Nicht nur in Konzernen, sondern auch im Mittelstand braucht es mu-tige Führungskräfte, die sich den Wandel auf die Fahne schreiben. Sie sollten keine Chance auslassen zu betonen, was in Zukunft wichtig sein wird. Gleichzeitig darf ihre Vision aber auch kein »running gag« in der Firma werden. Sonst heißt es am Ende hinter dem Rücken des Chefs: »Der schon wieder mit seinem Lieblingsthema.« Eine mutige Vision für die Zukunft authentisch zu vertreten und andere mit auf die Reise zu nehmen – darin besteht die Kunst. Leider gibt es ganze Branchen, in denen mutige Zukunftsvisionen ungefähr so häufig vor-kommen wie ein Yeti in den Alpen.

Das »Big Picture« mutigen Wandels

Abschreckendes Beispiel: Möbelbranche

Waren Sie in der letzten Zeit einmal in einem Möbelhaus? Ich meine so ein traditionelles deutsches Möbelhaus. Ikea zählt nicht. Stilwerk auch nicht. Wenn Sie sich tatsäch-lich überwinden konnten, Ihr Auto auf einem 40 Hektar großen Parkplatz Rentnerlimousinen und Minivans zu überlassen und einen dieser Händler aufzusuchen, haben Sie einen Eindruck von einer der rückständigsten und am

Möbelhäuser – so trostlos wie von außen sind viele auch von innen.

wenigsten veränderungsbereiten Branchen gewonnen. Von einigen erfreulichen Ausnahmen abgesehen herrscht hier Stillstand, den Sie manchmal beim Betreten der Verkaufsräume geradezu körperlich spüren können. Möbelhersteller und Einkaufsverbände liefern sich seit Jahren Machtkämpfe. Möbelhäuser kaufen sich gegenseitig auf und glauben, Gewinne nur noch über die Menge erzielen zu können. Es ist eine Zone frei von Visionen und Ideen.

Ikea macht gleichzeitig vor, wie es auch anders geht. Mit einem modernen Konzept, das Kunden in fertig eingerichteten Zimmern Lust aufs Einrichten macht, sprechen die Schweden längst nicht mehr nur Studenten und junge Familien an, sondern sogar Besserverdienende. Geschäftskunden bekommen eine »Business Card« und können auf Rechnung zahlen, mit vier Wochen Zahlungsziel. Ein mittelständisches Möbelhaus würde mit ähnlichen, lösungsorientierten Konzepten bereits am Widerstand seiner Lieferanten scheitern. Die Hersteller möchten ihre Produkte schlicht nicht neben den Angeboten der Konkurrenz sehen. Und damit hat sich die Möglichkeit, fertige Wohnkonzepte zu präsentieren, bereits erledigt.

»Für Wunder muss man beten,
für Veränderungen arbeiten.«

THOMAS VON AQUIN

In allen ideenlosen Branchen werden sich die Kunden irgendwann fragen: Wo ist der Mehrwert? Was bietet mir ein traditionelles Möbelhaus noch, das ich bei Ikea nicht bekomme? Warum soll ich einen geförderten Kredit beantragen, wenn ich über Direktbanken oder Kreditbörsen im Internet genauso gut an Geld komme? Warum soll ich eine teure Versicherung abschließen, wenn ich auch diesen Versicherer im Fall des Falles erst verklagen muss, bevor er bereit ist zu zahlen? In manchen Unternehmen tickt eine Zeitbombe. Noch läuft es einigermaßen. Aber das Geschäft bietet weitgehend »commodity«. Man ist austauschbar. Und von »austauschbar« zu »überflüssig« ist es nur ein kleiner Schritt.

Wer Wandel provozieren will, sollte Antworten auf drei Fragen finden:
- *Was* will ich verändern?
- *Was* soll nachher *wie* aussehen?
- Wie *messe* ich Veränderung?

Von der Angst vor Veränderung zur Lust auf Wandel ist es für einige ein weiter Weg. Aber es ist möglich, diesen Weg zu gehen. Es ist machbar, Menschen mit auf die Reise zu nehmen. Wenn Führungskräfte an den richtigen Stellen anpacken, den Wandel kraftvoll vorleben und die Menschen einbinden, dann gelingt der Veränderungsweg. Mut ohne Übermut zeigt sich dann in der Kunst der kleinen Schritte. Stück für Stück erweitern die bisher Ängstlichen ihre Möglichkeiten. Wichtig dabei: Erste Erfolge würdigen, ja am besten gemeinsam feiern. Und dann nicht nachlassen.

Acht Schritte des Wandels

John P. Kotter, Professor für Management an der Harvard Business School, hat mit *Leading Change* eines der wichtigsten Bücher im Bereich Veränderungsmanagement geschrieben. Erfolgreichen Wandel sieht er in acht Schritten. Hier ist meine Ultra-Kurzversion der acht Schritte:

1. Bewusstsein für **Dringlichkeit** schaffen.
2. Verantwortliche mit **Veränderungsbereitschaft** gewinnen und zusammenbringen.
3. Die Zukunftsvision **ausformulieren** und eine Strategie entwickeln, **wie Sie dahinkommen.**
4. Die Zukunftsvision **bekannt machen.**
5. **Handeln** im Sinne der neuen Vision und der Ziele **ermöglichen.**
6. Kurzfristige **Erfolge planen** und gezielt herbeiführen.
7. Erreichte Verbesserungen **systematisch weiter ausbauen.**
8. Das Neue fest **verankern.**

(Quelle: Kotter, *Leading Change*)

Stellen Sie sich einmal vor, jemand lädt seine Partnerin oder seinen Partner zu einem Überraschungs-Trip ein. Kommt einfach mit dem Auto angerauscht und sagt: »Steig ein, wir fahren weg!« Nach einer Schrecksekunde lässt sich die Partnerin oder der Partner auf das Abenteuer ein und es geht los. Wie groß wäre jetzt die Enttäuschung, wenn der Fahrer nichts vorbereitet hätte! Kein Ziel ausgewählt, kein Hotel gebucht, keine Route geplant, nichts. Auch wenn dies mit keinem Wort erwähnt wurde – die Partnerin oder der Partner wird darauf vertrauen, dass etwas vorbereitet ist.

Genauso ist es mit dem Provozieren von Wandel. Wer den Wandel vorantreibt, will die anderen auf einen längeren Weg mitnehmen. Er sollte eine Zukunftsvision haben. Klare Worte und starke Bilder machen diese Vision erlebbar. Wichtige Fragen sollten nicht unbeantwortet bleiben. Genau wie beim Überraschungs-Trip die Frage: Wo übernachten wir denn heute Abend? Schließlich sollte derjenige, der den Wandel vorantreibt, auch bereit sein, den gesamten Weg selbst zu gehen. Stellen Sie sich vor, ein Jochen Schweizer wäre selbst noch nie Bungee gesprungen. Undenkbar, dass er dann andere dabei begleiten könnte.

Wandel, das ist ein Thema bei allen zwölf »Mutproben fürs Business«, über die Sie in diesem Buch gelesen haben. Mutproben lassen persönliche Grenzen überschreiten. Anschließend fühlt sich das eigene Leben ein kleines Stück anders an. Es sind neue Möglichkeiten hinzugekommen, und zwar real, nicht bloß als Gedankenspiel. Veränderung, im Sinne von Entwicklung, ist jetzt einfacher möglich. Die Lücke zwischen Wissen und Tun ist ein wenig kleiner geworden.

»Expanding the box« sagt man im Englischen und meint damit diese Erweiterung der persönlichen Grenzen. Ich finde das ein treffenderes Bild als das Deutsche »seinen Horizont erweitern«. Wir sitzen in unserer kleinen »Kiste« fest, dem winzigen Ausschnitt aller Möglichkeiten, die wir uns in unserem bisherigen Leben zugetraut haben. Schritt für Schritt können wir diese »Kiste« vergrößern. Mit jeder Mutprobe ein bisschen mehr. Vielleicht haben auch die Mutproben in diesem Buch Sie angeregt, Ihre »Box« ein bisschen größer zu machen. Das ist der größte Wunsch, den ich mit meinem Buch verbinde. Ich freue mich auf Ihr Feedback dazu.

MUTPROBE

Ihre zwölfte Mutprobe

Die letzte Mutprobe ist etwas Besonderes. Vielleicht finden Sie ja sogar, dass es gar keine so richtige Mutprobe ist. Obwohl Sie auch hier den Mut benötigen, auf einen anderen Menschen zuzugehen. Aber dieser Mut ist nicht alles. Ich möchte Sie zum Schluss noch ein wenig zum Nachdenken anregen. Hier kommt die Anleitung:

Überlegen Sie, welche Menschen Sie in Ihrem Leben persönlich entscheidend weitergebracht haben. Welche Person hat bei Ihnen – absichtlich oder einfach durch ihr Vorbild – Veränderungen provoziert? Von wem haben Sie Ausschlaggebendes gelernt? Wer hat Ihnen ermöglicht, sich zu entwickeln? Das kann ein ehemaliger Lehrer, Ausbilder, Meister, Professor, Vorgesetzter oder einfach ein Freund sein, der Ihnen einmal etwas voraushatte.

Suchen Sie sich einen solchen Menschen aus und bedanken Sie sich bei ihm. Rufen Sie die Person an. Sagen Sie ihr nicht nur Danke, sondern begründen Sie mit ein paar Punkten, wofür Sie zu danken haben. Sie machen diesem Menschen damit ein Geschenk. Aber Sie beschenken sich auch selbst, das kann ich Ihnen versprechen.

Anhang

Erfolgskontrolle Ihrer Mutproben

In der folgenden Tabelle können Sie festhalten, welche der zwölf Mutproben Sie bestanden haben und gegebenenfalls auf welcher Stufe.

Kapitel	Kurzbeschreibung	Bestanden (✓)	Stufe?
1	Zehn Komplimente in zehn Tagen	( )	–
2	Essen mit unsympathischer Person	( )	
3	Rede in der Öffentlichkeit	( )	
4	Geld sammeln mit Spendendose	( )	
5	Meinungsumfrage auf der Straße	( )	–
6	Grußbotschaft eines Prominenten	( )	
7	Begehrten Parkplatz reservieren	( )	–
8	Behauptungen auf Visitenkarten	( )	–
9	Tag der ungeschminkten Wahrheit	( )	–
10	Verbesserungsvorschlag an Chef	( )	
11	Ohne Geld und Papiere nach Hause	( )	–
12	Danksagung an einen Mentor	( )	–

Ihr persönliches Mut-Zertifikat

Haben Sie alle zwölf Mutproben bestanden? Herzlichen Glückwunsch! Sie gehören wirklich zu den Mutigen im Business. Dafür möchte ich Ihnen Ihr persönliches Mut-Zertifikat ausstellen. Und eine kleine Überraschung habe ich mir auch noch überlegt, um Ihren Mut zu belohnen.

Gehen Sie einfach auf die Webseite **www.mut-zahlt-sich-aus.de** und folgen Sie den Anweisungen dort.

Ihr
Alexander Verweyen

Literatur

1. Bücher und Artikel

Altrogge, Gudrun und Jürgen Dahlkamp, Nadja Kölling, Bruno Schrep: *Mach es weg, mach es weg.* In: Der Spiegel 33/2008

Ashelm, Michael: *Tiki-taka besiegt Kick and Rush.* In: Frankfurter Allgemeine, 14.06.2012

Brandes, Dieter: *Einfach managen. Klarheit und Verzicht, der Weg zum Wesentlichen.* München: Redline, 2002

Braun, Maria: *Die Rangliste der 50 gefährlichsten Berufe.* In: Die Welt, 05.05.2011

Davenport, Thomas und John Beck: *The Attention Economy. Understanding the New Currency of Business.* Cambridge: Harvard Business School Press, 2001

Dobelli, Rolf: *Die Kunst des klaren Denkens. 52 Denkfehler, die Sie besser anderen überlassen.* München: Hanser, 2011

Engelmann, Bea: *Willkommen in der Mutzone. Sei kein Frosch, trau dich!* Heidelberg: Carl Auer, 2011

Groß, Harald: *Lernlust statt Paukfrust: Mit deinen Motivatoren leichter lernen in Schule, Studium und Beruf.* Berlin: Gert Schilling Verlag, 2011

Horx, Matthias: *Das Megatrendprinzip. Wie die Welt von morgen entsteht.* München: DVA, 2011

Kotler, Philip und Herwawan Kartajaya, Iwan Setiawan: *marketing 3.0. From Products to Customers to the Human Spirit.* Hoboken: John Wiley & Sons, 2010 (Deutsche Ausgabe: *Die neue Dimension des Marketings. Vom Kunden zum Menschen.* Frankfurt / New York: Campus, 2010)

Kotter, John P.: *Leading Change.* Cambridge: Harvard Business Review Press, 1996 (Deutsche Ausgabe: *Leading Change. Wie Sie Ihr Unternehmen in acht Schritten erfolgreich verändern.* München: Vahlen, 2011)

N. N.: *Ballbesitz.* In: Süddeutsche Zeitung vom 07.07.2010

Nuber, Ursula: *Die Angst vor den anderen.* In: Psychologie heute compact 30 (2012), S. 55 ff.

Scherer, Hermann: *Der Weg zum Topspeaker. Wie Trainer sich wandeln, um als Redner zu begeistern.* Offenbach: GABAL, 2012

Sprenger, Reinhard: *Mythos Motivation. Wege aus einer Sackgasse.* Frankfurt / New York: Campus, 1991

Vahs, Dietmar: *Organisation. Ein Lehr- und Managementbuch.* Stuttgart: Schäffer-Poeschel, 7. Aufl., 2009

Verweyen; Alexander: *Erfolgreich Akquirieren. Instrumente und Methoden der direkten Kundenansprache.* Wiesbaden: Gabler, 2005

Verweyen; Alexander: *Der Verkäufer der Zukunft. Vom Drücker zum Beziehungsmanager und Teamplayer.* Wiesbaden: Gabler, 2001

Verweyen; Alexander: *Keine Angst vor dem Smart Shopper. Was Verkäufer über feilschende Kunden wissen müssen.* Frankfurt / New York: Campus, 1998

Verweyen; Alexander: *Mit Ideen überstehen. Strategien für erfolgreiches Verkaufsmanagement.* München: moderne industrie, 1994

2. Onlinequellen

29 Ways to Stay Creative
http://to-fu.tv/
Abgerufen am 14.08.2012

Joachim Becker: »Daimler-Chef Dieter Zetsche: ›Wir werden vom Automobilhersteller zum Anbieter von Mobilität‹«
http://www.sueddeutsche.de/auto/autoindustrie-vernetzt-in-die-zukunft-1.1337825-2
Abgerufen am 06.08.2012

Jill Bolte Taylor's Stroke of Insight
http://www.ted.com/talks/lang/en/jill_bolte_taylor_s_powerful_stroke_of_insight.html
Abgerufen am 26.07.2012

Nancy Duarte
http://www.duarte.com
Abgerufen am 25.07.2012

McDonald's in Deutschland 2009
http://www.mcdonalds.de/metanavigation/presse/pressecenter/
suchergebnisse/detailansichtpm.cfm?pressId=75
Abgerufen am 06.08.2012

Neckermann
http://www.neckermann.de
Abgerufen am 01.08.2012

Roland Berger Strategy Consultants: think act CONTENT –
Geschäftsmodellinnovation
http://www.rolandberger.de/media/pdf/Roland_Berger_taC_GM_
Innovation_D_20110923.pdf
Abgerufen am 31.07.2012

Rolex Awards for Enterprise
http://www.rolexawards.com/about/awards
Abgerufen am 05.07.2012

Slide Share
http://www.slideshare.net
http://de.wikipedia.org/wiki/SlideShare
Abgerufen am 26.07.2012

Richard St. John's 8 Secrets of Success:
http://www.ted.com/talks/richard_st_john_s_8_secrets_of_success.html
Abgerufen am 26.06.2012

Zeit-Online-Interview: »Das war ein Weckruf«
http://www.zeit.de/2005/18/Shell-Interview_neu
Abgerufen am 16.08.2012

Jochen Zeitz
http://de.wikipedia.org/wiki/Jochen_Zeitz
Abgerufen am 21.08.2012

Danke

Jedes Buch erfordert ein erhebliches Maß an Projektmanagement und einen großen Koordinierungsaufwand. An dieser Arbeit ist ein ganzes Team beteiligt, von dem der Autor nur einen kleinen Teil ausmacht. Dieses Buch hätte niemals erscheinen können ohne die unschätzbare Arbeit und Hingabe von Menschen, denen ich auf diesem Wege ganz herzlich danken möchte.

Ute Flockenhaus aus dem GABAL Verlag gilt mein Dank für eine wirklich unkomplizierte und sehr vertrauensvolle Zusammenarbeit. Frau von Ahn danke ich für ihre präzise Arbeit. Sie hat das Manuskript dieses Buches zur Druckreife gebracht. Frau Rosengart gilt mein herzlicher Dank für alle Bemühungen rund um die anstehende professionelle Vermarktung.

Jochen Schweizer danke ich für seine motivierenden Worte in Form des Geleitworts zu diesem Buch. Er hat wirklich mehrfach Mut in seinem Leben bewiesen und verschafft heute vielen Menschen unvergessliche Momente, die eigene Angst zu besiegen.

Weiterhin danke ich meinen Protagonisten, die in diesem Buch vorkommen und ohne die dieses Buch nicht – oder in einer weniger plastischen Form – erschienen wäre. Ihnen verdanke ich darüber hinaus einen ganz wesentlichen Teil meines beruflichen Erfolges. Sollte sich jemand aus diesem Kreise angesprochen fühlen, so freue ich mich sehr über Feedback.

Dieses Buch wäre nicht entstanden, wenn meine liebe Frau mir nicht den Rücken stets freigehalten und mir Freiraum zum Schreiben gegeben hätte. Ihr konstruktives Feedback hat mir immer eine wertvolle Unterstützung gegeben – auch in schwierigen Phasen.

Meinem Team danke ich für die Unterstützung zum unbehelligten Arbeiten. Somit konnte ich mich diesem Projekt auch einmal bei Tageslicht widmen, und dies, ohne ein schlechtes Gewissen zu bekommen.

Das Ergebnis dieses Buches habe ich auch meinen Eltern zu verdanken. Sie gaben mir wichtige Eigenschaften mit, die diesem Buch sehr zugute kamen: Offenheit, Experimentierfreude und eine ordentliche Portion Neugierde. Viele Erkenntnisse, die ich in diesem Buch beschrieben habe, verdanke ich diesen Dispositionen.

Und durch meine Kinder bin ich überhaupt erst auf die Idee gekommen, »Mutproben« in den Kontext von »Business« zu stellen. Die gemeinsamen Mutproben auf Sprungbrettern oder in »Hexenwäldern« fordern mich immer wieder. Vielen Dank dafür und lasst uns nie aufhören!

Mein Weg geht weiter und neue Ideen sind bereits in Vorbereitung. Ich hoffe, dieses Buch schafft dafür ein Interesse bei Ihnen.

Ich freue mich unglaublich über jedes Feedback – treten Sie mit mir in Kontakt! Sie erreichen mich über meine E-Mail: verweyen@avbc.de.

Alexander Verweyen
München, Januar 2013

Leserstimmen

»Ratgeberliteratur gibt es zuhauf. Oft ist sie langweilig und bietet wenig Neues. Alexander Verweyens Buch ›Mut zahlt sich aus‹ ist erfrischend anders. Als Berater, Trainer, Coach und Redner weiß der Autor, wovon er schreibt, wenn er ›mehr Mut‹ fordert. Statt sich wie manch anderer auf zweifelhafte wissenschaftliche Erkenntnisse zu stützen, erzählt Alexander Verweyen von eigenen Erlebnissen und persönlichen Erkenntnissen: anekdotisch, klar, lehrreich und vor allem: niemals langweilig. Spätestens nach der Lektüre des Buches steht deshalb fest: Mutig lässt sich mehr erreichen. Und das gilt nicht nur im Berufsalltag!«

Dr. Hermann Otto Solms, MdB
Vizepräsident des Deutschen Bundestages

»Auch heute, in Zeiten von Teamarbeit und Vollversicherung, gibt es Menschen, die mutig aus dem Alltagstrott heraustreten. Das Buch von Alexander Verweyen liefert eine überzeugende Antwort, wie Sie in Ihrem Unternehmen als solch ein mutiger Mensch hervorstechen können und es damit den entscheidenden Schritt näher an die Spitze bringen.«

Dr. Florian Langenscheidt

»In der Tat brauchen wir in Deutschland wieder mehr Mut und Pflichtgefühl. Gerade von Managern, Unternehmern bzw. von allen Führungskräften erwarte ich, dass sie die Verantwortung für ihre Entscheidungen übernehmen.«

Wolfgang Grupp
Alleiniger Geschäftsführer und Inhaber TRIGEMA

»Der Mut, etwas zu bewegen, hat viele Stützpfeiler. Einmal die gesunde, physische Verfassung sowie eine unbestechliche Selbstbeherrschung und Toleranz. Das gesunde Selbstbewusstsein ist die Erkenntnis des Machbaren. Die Lebens- und Berufserfahrung begleitet uns stetig, denn unser Kapital besteht nun einmal aus gemachten Fehlern, d. h. Fehler sollte man nicht zweimal machen. Man muss bereit sein, ein kalkulierbares Risiko einzugehen, unkalkulierbare Risiken halte ich für sehr riskant. Aber es gibt für uns Menschen Situationen, wo wir unkalkulierbare Risiken eingehen, und da möchte ich nur einmal die Eheschließung und den Karrierebeginn nennen. Niemand weiß, wie das enden wird, aber mit Respekt und Disziplin geht es. Die Sicherheit liegt darin begründet, dass bei dem Profit die Grundrechenarten nicht vergessen worden sind. Das positive Denken ist ein sehr hilfreicher Pate, um Mut zu beweisen.«
Albert Darboven
Geschäftsführer und Inhaber J. J. Darboven GmbH & Co. KG

»In der heutigen Geschäftswelt wird Mut zu einer immer entscheidenderen Eigenschaft. Zu häufig spüre ich bei Menschen Angst vor beruflichen Herausforderungen. Das ist schade, weil es mit Sicherheit das persönliche Optionenspektrum verkleinert. Verweyens Buch lädt ein zu einem Angriff auf die persönliche Komfortzone.«
Axel Hörger
Vorsitzender des Vorstandes UBS Deutschland AG

»Die meisten Menschen empfinden es als unangenehm, den gewohnten Rahmen zu verlassen. Sie überbewerten den Status quo und halten sich am Erreichten fest. Doch nur mit Mut lassen sich das Gewohnte abschütteln und neue Horizonte erreichen. Alexander Verweyen schildert auf geistreiche – manchmal witzige – Art einen Schlüsselfaktor des Erfolgs. Nur wer im Geschäftsleben mehr Mut beweist und sich nicht an vorgegebene Schranken hält, wird langfristig Erfolg haben.«
Roland Schubert
langjähriges Geschäftsleitungsmitglied mehrerer
internationaler Privatbanken

»Gratulation! Endlich wird Mut im Business richtig interpretiert. Besonders nützlich fand ich das Kapitel 3, in dem Alexander Verweyen ein Plädoyer zum Thema ›Beherzt führen‹ gehalten hat. Persönlich konnte ich viel aus diesem Kapitel lernen und es entspricht auch unserem eigenen Führungsverständnis in unserem Unternehmen.«
Kim Eva Wempe
persönlich haftende Gesellschafterin Gerhard D. Wempe KG

»Als die Boston Consulting Group Ende der 1980er-Jahre das Konzept des Zeitwettbewerbs (time based competition) einführte, wurde durch die neue Perspektive auf einen an sich bekannten Faktor Zeit als Quelle von Wettbewerbsvorteilen entdeckt. Heute sind Schnelligkeit des Markteintritts, Flexibilität, Innovations- und Veränderungsfähigkeit entscheidend für den Erfolg eines Unternehmens. Die Hervorhebung von Mut in dem vorliegenden Werk von Alexander Verweyen erscheint mir durchaus vergleichbar. Auf den ersten Blick ist es nicht wirklich neu, Mut als wesentlichen Erfolgsfaktor zu sehen. »*Am Mute hängt der Erfolg*« ist etwa in Theodor Fontanes Roman »*Stine*« bereits 1890 nachzulesen. Der eigentliche Wert des Buches liegt jedoch darin, mit welcher Konsequenz Verweyen Mut als neue Perspektive systematisch nutzt, um alle Aspekte unternehmerischen Wirkens durchzudeklinieren. So kann Verweyen überraschende und erhellende Einsichten präsentieren, indem er bekannte Sachverhalte aus neuem Blickwinkel betrachtet. Ein mutiges Buch, das neue Sichtweisen ermöglicht und das Potenzial hat, Führungskräfte auf ein neues Niveau ihres Schaffens zu heben.«
Dr. Kai Obring
Emeram Capital Partners, Partner

Der Autor

Alexander Verweyen (Jahrgang 1963) ist Unternehmer, strategischer Berater und Autor von bisher sechs Büchern. Als Geschäftsführer der alexander verweyen BUSINESS CONSULTANTS GmbH unterstützt er gemeinsam mit seinem Team namhafte Unternehmen bei der Steigerung ihrer Führungs- und Vertriebsperformance sowie der Bewältigung von Veränderungsprozessen. Seine Kunden sind nahezu ausschließlich im Premiumsegment ihrer jeweiligen Branche tätig. Das Credo des Autors lautet: Trau dich! – Nur wo Führungskräfte und Mitarbeiter den Mut haben, als Menschen entscheidend über sich hinauszuwachsen, kann sich ein Unternehmen auf Dauer im Wettbewerb unterscheiden.

Der Diplom-Betriebswirt begann seine Beraterkarriere bei Geffroy & Partner in Düsseldorf. Bereits 1991 machte er sich selbstständig und zog mit seiner Familie nach München. Nach der Trennung von seinem damaligen Geschäftspartner startete er 2007 durch und gründete sein heutiges Unternehmen. Gerade in dieser schwierigen Zeit lernte er mehr als einmal ganz persönlich, was es heißt, im Business Mut zu beweisen.

www.alexanderverweyen.com

Register

Management – fundiert und innovativ

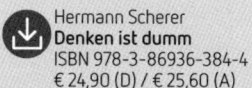

Business-Bücher für Erfolg und Karriere

Jörg Middendorf
Selbstcoaching in Konflikten
ISBN 978-3-86936-342-4
€ 17,90 (D) / € 18,50 (A)

Bernhard Bauhofer,
Michael Neubert
Wie gut ist mein Ruf?
ISBN 978-3-86936-340-0
€ 19,90 (D) / € 20,50 (A)

Chris Brügger,
Michael Hartschen,
Jiri Scherer
Simplicity.
ISBN 978-3-86936-245-8
€ 19,90 (D) / € 20,50 (A)

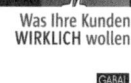

Lars Schäfer
Emotionales Verkaufen
ISBN 978-3-86936-339-4
€ 17,90 (D) / € 18,50 (A)

Johannes Stärk
Assessment-Center erfolgreich bestehen
ISBN 978-3-86936-184-0
€ 29,90 (D) / € 30,80 (A)

Johannes Stärk
Erfolgreich im Vorstellungs-gespräch und Jobinterview
ISBN 978-3-86936-440-7
€ 19,90 (D) / € 20,50 (A)

Patric P. Kutscher
Stimmtraining
ISBN 978-3-86936-247-2
€ 17,90 (D) / € 18,50 (A)

Thomas Lurz, Jasmin M. Fargel
Auf der Erfolgswelle schwimmen
ISBN 978-3-86936-439-1
€ 19,90 (D) / € 20,50 (A)

Gitte Härter
Nerv nicht!
ISBN 978-3-86936-064-5
€ 17,90 (D) / € 18,50 (A)

Brigitte Seibold
Visualisieren leicht gemacht
ISBN 978-3-86936-341-7
€ 19,90 (D) / € 20,50 (A)

Josef W. Seifert
Visualisieren Präsentieren Moderieren
ISBN 978-3-86936-240-3
€ 19,90 (D) / € 20,50 (A)

Katja Kerschgens
Reden straffen statt Zuhörer strafen
ISBN 978-3-86936-187-1
€ 19,90 (D) / € 20,50 (A)

Weitere Informationen finden Sie unter www.gabal-verlag.de

Hier finden Sie Gleichgesinnte ...

... weil sie sich für **persönliches Wachstum** interessieren, für **lebenslanges Lernen** und den Erfahrungsaustausch zum Thema Weiterbildung.

... und Andersdenkende,

weil sie aus unterschiedlichen Positionen kommen, unterschiedliche Lebenserfahrung mitbringen, mit unterschiedlichen Methoden arbeiten und in unterschiedlichen Unternehmenswelten zu Hause sind.

Auf unseren Regionalgruppentreffen und Symposien entsteht daraus ein **lebendiger Austausch**, denn wir entwickeln gemeinsam **neue Ideen**.
Zudem pflegen wir intensiven Kontakt zu namhaften Hochschulen, so erhalten wir vom Nachwuchs spannende Impulse, die in die eigene Praxis eingebracht werden können.

GABAL.
Wissen vernetzen

Das nehmen Sie mit:

- Präsentation auf wichtigen Personal-Messen zu Sonderkonditionen sowie auf den GABAL-Plattformen (GABAL impulse, eLetter und auf www.gabal.de)

- Teilnahme an Regionalgruppenveranstaltungen, Werkstattgruppen und Kompetenzteams

- Sonderkonditionen beim Symposium und Veranstaltungen unserer Partnerverbände

- Gratis-Abo der Fachzeitschrift wirtschaft + weiterbildung

- Gratis-Abo der Mitgliederzeitschrift GABAL impulse

- Vergünstigungen bei zahlreichen Kooperationspartnern

- u.v.m.

Neugierig geworden?
Informieren Sie sich am besten gleich unter:
www.gabal.de
E-Mail: info@gabal.de
oder
Tel.: 0 6132 - 50 95 09 0